ZHINENG DIANWANG
DIANNENGJILIANG JI GUANLI

智能电网

电能计量及管理

国网湖南省电力有限公司电力科学研究院　　组编

徐先勇　　主编

中国电力出版社
CHINA ELECTRIC POWER PRESS

内 容 提 要

　　本书分为风光分布式能源高渗透率下电能计量、智能变电站混合混杂电能计量、智能电能表故障预警及舆情应对机制、电能计量箱质量评价体系及监督管控、电能计量管理系统六部分内容。全书由浅入深地结合具体现场操作步骤，并配以丰富的图表资料，让读者更容易理解书中内容。

　　本书可供电能计量领域相关人员学习，也可作为大中专院校电能计量专业的师生参考书。

图书在版编目（CIP）数据

智能电网电能计量及管理 / 徐先勇主编；国网湖南省电力有限
公司电力科学研究院组编 . —北京：中国电力出版社，2018.3（2019.10重印）
　ISBN 978-7-5198-1740-4

　Ⅰ . ①智⋯　Ⅱ . ①徐⋯　②国⋯　Ⅲ . ①智能控制–电网–电能
计量　Ⅳ . ①TM933.41

　中国版本图书馆 CIP 数据核字（2018）第 027081 号

出版发行：中国电力出版社
地　　址：北京市东城区北京站西街 19 号（邮政编码 100005）
网　　址：http://www.cepp.sgcc.com.cn
责任编辑：袁　娟
责任校对：李　楠
装帧设计：郝晓燕　赵姗姗
责任印制：邹树群

印　　刷：三河市百盛印装有限公司
版　　次：2018 年 3 月第一版
印　　次：2019 年 10 月北京第二次印刷
开　　本：710 毫米×980 毫米　16 开本
印　　张：8.5
字　　数：140 千字
印　　数：1001—1500 册
定　　价：40.00 元

前　言

　　随着全球能源互联网的提出与实施，电力系统中出现了越来越多的新元素，分布式能源发电和智能用电技术在现代电网中所占比例日益增多，电网多元化的特性日益凸现。此外，不同类型智能电能表和电能计量箱的大规模应用，不仅使得智能电能表应用出现新的舆情局面，也迫切要求加强电能计量箱的质量管控、规范安全用电。为了实现营销的精益化管理，迫切需要结合不同种类客户、不同类别的电能计量系统，对电网电能计量系统进行信用、价值和风险等方面的评价。因此，加强对计量工作的重视程度，开展智能电网新元素下电能计量领域新技术的研究，对提高电能计量的准确性、可靠性及管理水平，为电力消费者更好地提供优质服务具有重要意义。

　　为帮助电能计量领域相关人员学习、掌握相关知识，提高业务、技术水平和解决生产生活中的实际问题，国网湖南省电力有限公司电力科学研究院组织编写了本书。全书共分 6 章：第 1 章为概述，主要介绍了智能电网、分布式电源和智能用电技术。第 2 章为风光分布式能源高渗透率下电能计量，主要介绍了风光分布式电源接入电网方式及计量配置方法，分析了分布式电源特性及其对计量的影响，并提出了相应的管理策略。第 3 章为智能变电站混合混杂电能计量，在分析智能电网中智能变电站现状的基础上，介绍了不同电压等级智能变电站的计量系统和计量模式，并进行了误差分析，对其电能计量装置运维管理提出了相应策略。第 4 章为智能电能表故障预警及舆情应对机制，分析了智能电能表的结构与工作原理，在此基础上分析了智能电能表故障和质量舆情情况，对故障预警和舆情应对提出了相应的应对机制。第 5 章为电能计量箱质量评价体系及监督管控，系统调研了湖南省运行的电能计量箱现状，统计和分析了电能计量箱主要质量故障和隐患，建立了电能计量箱性能评估体系，提出了全寿命周期质量监督管控流程和实施办法，最后对电能计量箱全性能质量监督管控实施提出了相关建议。第 6 章为电能计量管理系统，分别介绍了计量系统和业务体系管理的相关理论，以及湖南电网电能计量系统现状，从信用、价值、风险等方面建立了电能计量系统的评价体系。

　　本书在编写过程中得到了国家电网湖南省电力有限公司的支持、关心和帮助，在此表示衷心感谢。由于作者水平有限，加之时间紧促，书中难免有差错和疏漏之处，恳请各位专家和读者提出宝贵意见，使本书不断完善。

编　者

2017 年 8 月

目 录

概　述

1.1　智　能　电　网

智能电网就是将先进的传感测量技术、信息技术、通信技术、计算机技术、自动控制技术和原有的发、输、变、配、用电基础设施高度集成而形成的新型电网，它具有提高能源效率、减小对环境的影响、提高供电的安全性和可靠性、减少电网的电能损耗、实现与用户间的互动和为用户提供增值服务等多个优点。

1.1.1　智能电网的概念

（1）美国智能电网。美国智能电网是以高性价比的电子设备和可控电力元器件等为基础，利用网络通信、自动控制和信息技术，将这些技术和原有的输、配电基础设施高度结合而形成的新型电网，从而实现对电力网络的变革与改造，达到电力网络更加可靠、安全、经济、高效、灵活、环保的目标。

（2）欧洲智能电网。欧洲智能电网是将电力与通信和计算机控制连接在一起，以获取在供电可靠性、传输容量和客户服务等方面的巨大效益。在这个完全自动化的供电网络中，每一个用户和节点都得到了实时的监控，并保证了从发电厂到用户端电器之间的每一点上的电流和信息的双向流动。通过广泛应用宽带通信技术、信息整合技术及现代自动控制技术将分布式能源（Distributed Energy Resources，DER）与可再生能源和大电网高度集成起来，保证电力市场交易的实时进行和电网上各成员之间的无缝连接和实时互动。欧洲智能电网局部示意图如图 1–1、图 1–2 所示。

（3）中国智能电网。中国智能电网是以特高压电网为骨干网架、各级电网协调发展的坚强电网为基础，利用先进的通信、信息和控制技术，构建以信息化、自动化、互动化为特征的统一的坚强智能化电网。

（4）传统电网与智能电网的区别。传统电网与智能电网区别如图 1–3 所示。

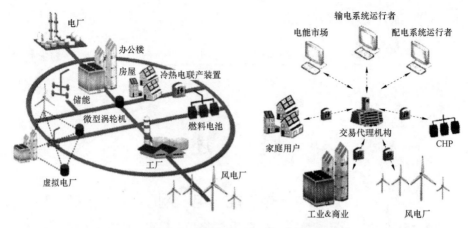

图1-1 欧洲智能电网局部示意图

图1-2 欧洲智能电网的全貌概况

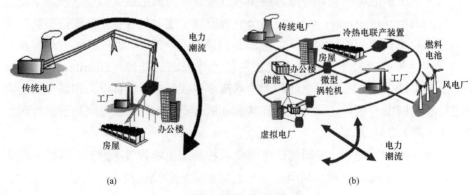

(a)   (b)

图1-3 传统电网与智能电网区别

(a) 传统电网；(b) 智能电网

表 1-1 提供了传统电网与智能电网的比较。

表 1-1 传统电网与智能电网的比较

	传统电网	智能电网
通信	没有或单向	双向
与用户交互	很少	很多
仪表型式	机电	数字
运行与管理	人工的设备校核	远方监视
功能的提供与支持	集中发电	集中和分布式发电并存
潮流控制	有限	普遍
可靠性	倾向于故障和电力中断	自适应保护和孤岛化
供电恢复	人工	自愈
网络拓扑	辐射状	网状

1.1.2 国外智能电网发展状况

目前，美国、加拿大、澳大利亚以及欧洲各国都相继开展了智能电网的相关研究，而其中最具代表性的是美国与欧洲各国。

（1）美国智能电网发展状况。

美国智能电网发展历程如图 1-4 所示。

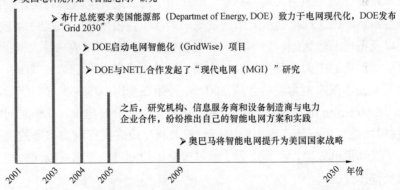

图 1-4 美国智能电网发展历程

2008 年，美国科罗拉多州的波尔得已建成了全美第一个智能电网城市。每户家庭都安装了智能电表，人们可以很直观地了解当时的电价。不仅如此，智能电表还可以帮助人们优先使用风电和太阳能等清洁能源。同时，变电站可以收集每家每户的用电情况，一旦出现问题，可以重新配备电力。

（2）欧洲智能电网发展状况。

欧洲智能电网技术研究起步于 2005 年，到 2006 年发布了"智能电网"计划的技术实现方略，作为欧洲 2020 年及后续的电力发展目标。该计划指出未来欧洲电网应满足灵活性、可接入性、可靠性和经济性等需求。欧洲智能电网发展里程如图 1-5 所示。

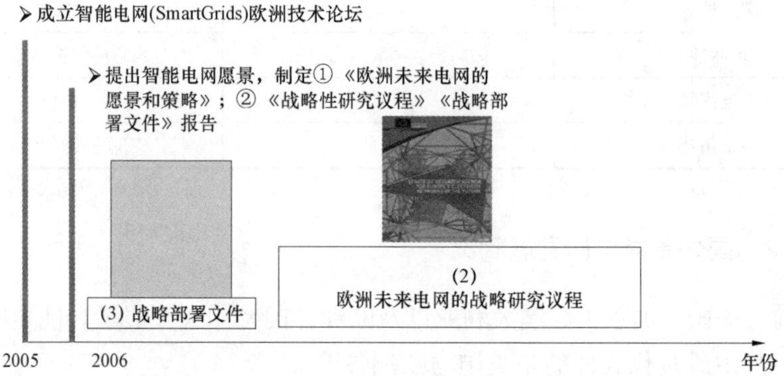

图 1-5　欧洲智能电网发展里程

（3）其他国家智能电网发展状况。

日本政府计划与电力公司协商后，再开始于孤岛进行大规模的构建智能电网试验，主要验证在大规模利用太阳能发电的情况下，如何统一控制剩余电力和频率波动以及蓄电池等课题。日本政府期待智能电网试验获得成功并大规模实施，这样可以通过增加电力设备投资拉动内需，创造更多就业机会。

澳大利亚由国家电力委员会从 2007 年开始在全国范围内推行高级量测体系（Advanced Metering Infrastructure，AMI）项目，引入分时电价（基于时间间隔计量），使用户能够更好地管理电能消耗。澳大利亚政府推行电力市场的改革不仅仅是为了提高供电效率，而且还为了通过改善电价制度，提高对能耗的控制以及减少温室气体排放。

1.1.3　国内智能电网发展状况

2009 年 6 月 15 日，国家电网公司智能电网工作部成立，随后成立智能电网研究中心，计划以国家电网公司特高压直流试验基地、特高压杆塔试验基地、西藏高海拔基地及刚刚建成投运的国家电网仿真中心等先进试验场所为依托，在特高压直流、高海拔输电工程的设计和建设，以及输电线路工程力学、大规模交直流互联系统仿真和大电网运行控制技术等领域开展试验研究。正在建设的国家电网计量中心将在电能质量及节能领域开展研究及检测。同时，在开发风电机组仿真模型的基础上，掌握风电场并网关键技术；研制开发我国首套风电功率预测系统，并获得我国第一个风电机组功率特性和电能质量测试的国际互认可资质。

中国提出的统一坚强智能电网是以统一规划、统一标准、统一建设为原则，以特高压电网为骨干网架，各级电网协调发展，具有信息化、自动化、互动化特征的国家电网。它包括"三华"同步电网、西北和东北电网，涵盖各电压等级，由发电、输电、变电、配电、用电、调度等环节有机组成，是坚强可靠、经济高效、清洁环保、透明开放、友好互动的电网。其中，"统一"是前提，"坚强"是基础，"智能"是关键。

1.2 分布式电源

1.2.1 光伏发电发展的现状

1.2.1.1 我国光伏发电发展现状

2014 年 1 月，国家能源局公布了全国第一批创建新能源示范城市 81 个、产业园区 8 个，确定 2014 年度光伏发电新增备案规模 1400 万 kW，其中分布式 800 万 kW，地面光伏电站 600 万 kW。随后，国家能源局又对分布式能源项目 6MW 以下的太阳能风电项目等豁免发电许可。2014 年 9 月，国家能源局先后印发了关于进一步落实分布式光伏发电有关政策的通知、关于加快培育分布式光伏发电示范区有关通知，对屋顶使用、贷款融资、售电收益、并网等有关问题进行了研究和推进；10 月份，印发了关于进一步加强光伏电站建设与运行管理工作的通知。2014 年 12 月，国家能源局印发《关于做好 2014 年光伏发电项目接网工作的通知》，要求加快推进光伏发电建设，实现光伏发电及时并网和高效利用；要求有关方做好光伏发电接网及并网运行工作。

2015 年 3 月，国家能源局下达了《2015 年光伏发电建设实施方案的通知》：2015 年计划全国新增光伏电站建设规模 1780 万 kW，对屋顶分布式光伏发电项目及全部自发自用的地面分布式光伏发电项目不限制建设规模，北京、天津、上海、重庆及西藏在不发生弃光现象的前提下不设建设规模上限。

2015年6月1日，国家能源局等三部委联合印发《关于促进先进光伏技术产品应用和产业升级的意见》，通过采取综合性政策措施，支持先进光伏技术产品扩大应用市场，深入加强光伏行业管理。

2010年以来，我国光伏发电发展逐年加速，装机容量和发电量都在快速增加，在新能源发电市场中迅速占据了一席之地，具体情况见表1-2。

表1-2　　　　　　　　　　　近年我国光伏发电发展情况

年份	年装机（万kW）	累计装机（万kW）	年发电量（亿kWh）	发电量增速（%）
2010	10	26	1.2	
2011	196	222	6.8	467
2012	428	650	36	429
2013	1095	1745	85	136
2014	1060	2805	250	194
2015	1282	4087	383	53.2

截至2014年底，我国全口径发电设备容量136 019万kW，其中光伏发电累计装机容量2805万kW，同比2013年的1745万kW的总装机容量，增长达60%，太阳能发电量达到250亿kWh，同比增长近200%。在太阳能发电系统的总装机容量之中，其中光伏地面电站装机量为2338万kW，分布式装机为467万kW。

截至2015年底，全国发电装机容量150 673万kW，其中并网太阳能发电总装机达4158万kW；2015年，新增并网太阳能装机1282万kW，当年发电量为383亿kWh，同比增长53.2%。

2014年我国新增并网光伏发电容量1060万kW，占世界新增容量的四分之一。其中，光伏电站新增855万kW，分布式新增205万kW，消化了国内光伏电池组件产量的三分之一，顺利达成了《关于促进光伏产业健康发展的若干意见》中设置的年增1000万kW的目标。

2014年，全国东部、西部的光伏发电推进的力度都很大，产业发展迅速，效果显著，东部新增装机为560万kW，占总新增量的53%，其中新增装机量最大的省份为江苏省和河北省。截至2014年底，我国建成大型地面电站855万kW，这些项目主要分布在西北电网管辖地区内，其中大部分集中在青海、甘肃和宁夏，这三个地区集中我国一半多的光伏装机量，累计装机容量占全国总量的70%以上。

同时，我国在光伏发电应用模式方面的探索也取得了一定成果，在国家能源局公布 30 个国家首批基础设施等领域鼓励社会投资分布式光伏发电应用示范区的引领示范下，分布式光伏发电项目新增 50 万 kW，在建规模 60 万 kW，同时，带动社会投资超过 100 亿元，其中以河南、浙江、江苏、广东、湖南等省份分布式的发展走在了全国的前列。另外，生态改善类项目逐渐成为光伏发电的新方向，其中，青海龙羊峡水光互补项目实现累积并网 60 万 kW，探索了水电和光伏电站互补协调运行、联合调度的新模式；与农业相结合的光伏农业大棚、渔光互补电站也渐渐成为业内热点之一，采用光伏发电的现代化农场，可以实现自发自用，余量上网，既能满足农场的种植、养殖需要和生活用电，又可实现节能减排，余电并网更可带来一定利润；集合荒山荒坡治理、煤矿采空区治理和沙漠化治理的生态恢复与光伏发电建设相结合的项目也在尝试和建设之中。

1.2.1.2 国际光伏发电发展现状及趋势

自 2000 年起，全球光伏新增装机容量呈现上升态势，光伏发电行业目前整体处于健康稳定发展阶段。2007～2015 年全球新增和累计装机总量如图 1-6 所示。

图 1-6 全球太阳能年装机量及 2017 年预测图

2014 年全球光伏年装机量稳步增长达 44 000MW，其中，中、日、美三国市场表现强劲，装机量大致分别为 10 600MW、9000MW 和 6500MW，一举超过欧洲的一些传统光电优势地区。根据 BNEF 的数据，全球光伏增长主要受到中日两国市场迅速腾飞的驱动，2014 年中日两国新增光伏装机量分别达到 13 000～14 000MW 及 9000～11 000MW。2014 年第四季度，中国光伏市场迅猛增长，新增装机跃升至 8000～9000MW，装机量连续两年世界第一。

从光伏产业情况来看，光伏组件价格回升，主要光伏企业盈利向好；然而，2014 年日美作为中国产品出口量最大的两个国家，日本的地域特点和即将到期的国内政策、美国发起的双反，导致未来日美市场存在很大的不确定性。具体从国家来看，中国 2014 年以来出台了一系列措施鼓励光伏发电的发展，尤其从机制性问题入手，有针对性的予以解决，如标准不完善、电源电网不配套、倒卖"路条"等问题得到了一定程度上的解决，完善了光伏发电的机制问题，为光电行业的长期发展提供了保障。

日本光伏产业受 2012 年"PVOUTLOOK2030"修订版的激励，发展势头强劲，日本光伏发电产业 2030 年的愿景：累计容量将达到约 1 亿 kW，并实施了可再生能源固定价格收购制度。这些政策为日本光伏发电产业注入了一定活力，但日本即将开始新一轮的上网电价政策性调整，而且由于经济弱复苏、土地电网容量接近峰值和重启核电的趋势明显，日本光伏产业的发展前景并不明朗。

美国市场 2014 年发展稳定。自 2009 年起，美国光伏市场规模增长了近 10 倍，年均增长 30%以上。可以预测，如果有计划地发展太阳能，美国到 2050 年将不再依赖进口石油，届时，美国太阳能光伏发电量将占到总发电量的三分之一以上。

欧洲市场装机量已经连续三年下滑，2014 年英国市场备受关注，但由于短期未来"差价合约"机制将替代现行的可再生能源责任证书机制，2014 年引发了抢装导致光伏装机出现大规模增长的现象。但是英国光伏市场政策上存在变数，2015 年政府对现行的补贴政策进行修订，同时可再生能源义务法案也在 2017 年终止，英国是否能保持光伏发展的持续增长还很难确定。欧洲其他国家，德国已连续 9 年保持世界光伏发电第一大国的位置。德国的新能源发展以 2020 年碳排放降低 40%，2050 年碳排放降低 80%，2020 年新能源在用电量中占比提升至 35%，2050 年提升至 80%为目标。截至 2014 年底，其光伏发电装机容量约为 3820 万 kW；光伏发电量 328 亿 kWh，约占全部发电量的 6.3%。目前来看，光伏已成为德国装机容量最大的电源，约占总装机容量的 21.5%，占可再生能源装机的 43.5%。此外，值得一提的是，2014 年 6 月 9 日，德国光伏瞬时出力超过系统负荷 50%。但德国 2014 年 8 月 1 日出台了新版的《可再生能源法》，规定德国未来光伏发电的年度新增规模将在 240 万～260 万 kW 左右。2014 年，德国光伏新增装机约为 180 万 kW，稍低于政策目标，新增装机规模下降显著，光伏发展速度放缓。

另据欧洲通讯社消息，西班牙工业部计划在 2015～2020 年，新增可再生能源装机容量 8537MW。据西班牙电网运营商统计数据显示，2014 年西班牙新增太阳能装机容量仅 7MW，累计装机达到 4672MW。为了进一步促进可再生能源发展，西班牙工业部在未来 6 年将加大扶持力度。意大利市场持续下滑，整体装机规模约在 7000MW。新兴市场方面，印度的发展最为强劲。印度新能源和可再生能源部 2014 年起草了 20 000MW 建议草案，以利用庞大的太阳能潜力满足印度不断增长的人口和经济的能源需求。该草案提议未来五年将开发的二十五个超大型太阳能发电园区，所有园区的规模都在 500～1000MW，总计 20 000MW。但印度 2013 年新增光伏装机量仅为 3000MW，2014 年新增规模低于 1000MW。

1.2.2 风电发展现状

近年来，我国风电装机容量快速增长，截至 2014 年底，我国风电并网装机容量达到 9581 万 kW，如图 1-7 所示，全国 31 个省份均有并网风电场，15 个省（区）风电并网容量超过 100 万 kW，其中内蒙古并网容量 2070 万 kW，居全国之首，甘肃和河北分别以并网 1008 万 kW 和 963 万 kW 位居第二、三位。华北、东北、西北等"三北"地区风电并网容量约占全国风电并网容量的 82.8%。风电的快速发展为我国转变能源发展方式，调整优化能源结构，推进能源绿色发展做出了重要贡献。

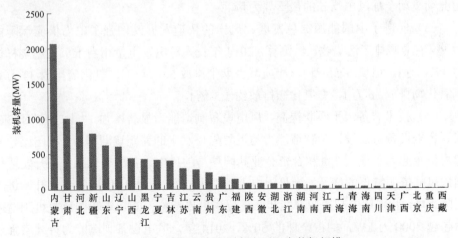

图 1-7　2014 年底全国各省区风电装机规模

（1）风电在我国电力行业地位不断提高。发电装机比重大幅提高。2014 年底我国风电装机容量达到 9581 万 kW，成为煤电、水电之后的第三大电源。"十二五"前四年平均增长 34.2%，4 年净增装机容量 6623 万 kW，平均每年新增装机容量超过 1600 万 kW。占全国装机容量比重由 2010 年 3.06%提高到 2014 年的 7.04%。

发电量快速增长。自 2012 年以来一直稳居我国第三大发电类型，2014 年我国风电发电量达到 1563 亿 kWh，"十二五"前四年平均增长 33.4%，占全国发电量比重由 2010 年 1.17%提高到 2014 年的 2.82%。

（2）为全球清洁能源发展做出了重要贡献。风电装机容量持续保持世界第一。我国风电装机容量 2000 年仅排在世界第 9 位（35 万 kW），与世界第一的德国相差 575 万 kW；2008 年装机容量超过 1000 万 kW 世界排名上升到第 4 位（1221 万 kW），与世界第一的美国相差 1300 万 kW；自 2012 年（7532 万 kW）取代美国成为世界第一风电装机大国后，比世界第二的美国多装 1500 万 kW，风电装机容量一直保持世界第一。2014 年我国风电装机容量达到 11 500 万 kW，超过排名第二的美国 5000 万 kW。

有力推动全球风电快速发展。在世界统计的风电装机容量中，2013 年度全球风电新增装机容量为 3546.7 万 kW，其中中国新增装机容量达到 1610 万 kW，占 45.4%；2013 年底全球风电累计装机容量达到 3.18 亿 kW，中国占到 28.7%。2014 年全球风电新增装机容量达到 5147.7 万 kW，其中中国新增装机容量达到 2319.6 万 kW，占 45.1%；中国风电装机容量占世界的比重进一步提高到 31%，中国成为继续驱动全球风电增长的最重要力量。

（3）促进了中国能源绿色发展。风电的快速发展既增强了电力供应保障能力，又有效减排了污染物。经测算，2014 年我国风电发电量相当于节省燃烧标煤约 4970 万 t，原煤 6958 万 t，相应减少烟尘排放 5.9 万 t，二氧化硫排放 34 万 t，氮氧化物排放 36 万 t，二氧化碳排放约 1.3 亿 t。

（4）技术装备水平不断提高。风电设备制造能力显著增强。"十二五"以来，我国风电设备研发设计和制造能力与世界先进水平的差距逐渐缩小。我国已建立起内资企业为主导、外资和合资企业共同参与的风电设备制造体系，在开发适应国内风能资源特点的产品、满足国内市场需求的同时，我国风电设备已开始进入国际市场。我国风电制造业产能和产量位居世界首位，2013 年我国风电机制造能力超越 3000 万 kW，约占全球的 50%。2014 年，风电设备制造能力持续增强，风电产业制造能力和集中度进一步增强，8 家企业风机吊装机容量超过 100 万 kW。风机单机功率显著提升，2MW 机型市场占有率同比增长 9 个百分点。风电机组可靠性持续提高，平均可利用率达到 97%以上。

风电机组平均容量快速增长。2014 年，我国新增装机的风电机组平均功率达到 1768kW，与 2010 年的 1466.8kW 相比，提高近 300kW；累计装机的风电机组平均功率为 1503kW，比 2010 年的 1292.7kW 提高 200 多千瓦。

（5）风电行业管理水平进一步提高。为规范风电发展，国家能源局将风电项目核准权限上收，形成风电项目核准计划制度，自 2011 年，国家能源局分 5 批下发的各省风电项目核准计划，有效控制了风电项目建设布局和进度。

（6）海上风电开发进展缓慢。海上风电制造产业链仍未成熟，受到开发建设成本高、上网电价较低、沿海各地地方政府一再调整产业功能以及军事和海事等因素限制，海上风电的开发进展缓慢。截至 2014 年底，中国只建成的海上风电装机容量 65.8 万 kW。

（7）风电设备制造产业的整体竞争力有待提高。目前国内风电制造企业的研发投入普遍偏低，核心技术掌握程度较低，风电机组设计和关键技术仍然依赖国外，一些附加值较高的风电设备关键零部件、材料和元器件仍然主要依靠进口，风电产业整体实力有待进一步提高。

1.3 智能用电技术

智能用电技术涵盖了高速实时通信、智能电表、智能采集、双向交互和需方响应等多方面的技术，是计算机应用技术、现代通信技术、高级量测技术、控制理论和图形可视化等学科交叉的技术集群。

（1）高速通信技术。高速实时通信技术是支撑智能电网的关键技术，对于智能用电也不例外。其主要特征如下：① 骨干、大容量光纤通信网络到台区和到有条件的小区和居民家中，满足用电数据采集和交互信息传输。② 基于广域同步时钟（如 IEEE 1588）对时功能，确保重要节点负荷、功率等采集量在同一时间断面上。③ 抗干扰能力强的无线通信技术和无线组网技术，应用包括 Zigbee 在内的微功率无线通信方式。④ 公网通信（包括 3G、4G、5G 在内的新一代公网通信方式），基于语音、数据、视频的传输。⑤ 在条件不具备的地区，可考虑电力线载波作为补偿。⑥ 信息安全加密。

（2）智能电表技术。安装在用户侧智能电表是对传统电能表的全面技术变革，应满足自动抄表，自动测量管理的功能。其主要特征如下：① 智能电能表应满足分布式电源双向供电模式下，双向独立计量；② 具备动态浮动电价的快速响应，快速切换、电价实时结算等功能；③ 具备用于存储双向计量电度独立的存储区间，可对月度电能数据，当日整点数据及有特定要求的数据进行快速冻结；④ 用电异常事件记录功能；对双向的需求量数据进行计算，最大需量数据的统计和保存；负荷曲线数据的保存和检索；⑤ 具备抄收和存储智能燃气表，智能水表的功能，具备自动管理、自动抄收气表和水表的功能；具备对居民家居参数的采集，实现对智能家居电器的有序，合理化和最经济用电管理；⑥ 就计量误差进行自我修复，自我矫正，确保计量精度在表计生命周期能满足计量精度要求；⑦ 可对自身硬件运行状况进行自诊断，自评估和自修复。

（3）智能采集技术。智能采集终端对大用户专用变压器、公用变压器和低压居民用户用电信息进行自动采集。实现用户侧电能量、负荷数据采集，用电设备数据采集及在线诊断，支持实时数据的远传。其主要特征如下：① 实时采集电力用户侧电能量信息，并计算出实时负荷、整点电量、月累计电量、已购电费（电量）、剩余电费（电量）等用电数据以及计量工况。② 根据主站设置的超限定值，对采集的用电信息进行统计、分析，判断数据是否超限，并根据统计结果生成相应的事件记录。③ 根据主站设置，终端定时冻结日、月、抄表日用户负荷数据，以及终端设备运行工况生成用电负荷曲线。④ 根据主站下发的控制定值，实时监测用户用电情况，自动执行本地功率闭环控制、本地电量闭环控制，并能够执行主站遥控、保电/剔除、催费告警、控制解除等控制命令，引导用户合理有序用电。⑤ 进行变压器、开关、电源分配箱等设备数据的采集，进行在线设备故障诊断和分析，提高设备使用的安全性。⑥ 采集更多的电网实时运行数据（电压、电流、功率等），从而掌握更加详细的用户负荷情况，加强需求侧管理，为电网规划和扩容提供决策支持数据。⑦ 采集终端间支持快速通信，可装置级在线分析用电异常情况。⑧ 电能质量的实时监测和预警，必要时提供无功补偿和谐波治理方案。⑨ 支持装置级的线损和变损分析，统计和曲线的存储。

（4）需方响应技术。需方响应技术通过电力用户接收电力企业发布用电信息，及时响应用电负荷变化的措施，以达到削峰填谷，减少负荷波动的目的。其主要特征如下：通过用户改变自己的用电方式主动参与市场竞争，获得相应的经济利益，而不像以前那样被动地按所定价格行事。电力企业基于负荷特征召唤用户接入或退出分布式电源，制定有客户参与需方响应的补偿结算机制。用户可得到连续即时的计量信息，负荷信息。用户可得到获得连续即时的电价信息。对参与市场的用户提供实时电价，并实现同实时电价相结合的自动负荷控制。编制和发布有序用电方案，远程监视电能质量与实施电压控制，快速的系统故障定位和响应，能量损耗的检测。为系统调度、规划和运行提供精确的系统负荷信息，在新一代的智能设备和高级服务之间实现信息共享。

（5）智能变电站智能计量技术。国家电网公司形成了"一个目标、两条主线、三个阶段、四个体系、五个内涵"的中国特色坚强智能电网的战略发展思路框架。智能变电站相关技术的研究与发展，获得了众多电力用户、科研、设计、制造部门的关注。我国智能电网的发展已经走在了世界前列，已有多座智能变电站被建立。伴随着智能电网建设步伐的加快，电网电能的计量正快速向自动化、信息化、互动化方向发展。此时，变电站的电能计量模式已经发生了质的转变：智能变电站中采用的是数字化计量系统，其电压、电流信号是以 IEC 61850–9–1 或 IEC 61850–9–2 规约规定的数字帧格式传输的，采样设备是电子式互感器及合并单元，传输介质是光纤，其计量回路与传统模拟计量系统有着本质区别。

目前，一些发达国家基于发展新能源、节能减排、提高电网运营效率、改善供电服务质量等需要，陆续开展了智能用电服务的研究和实践，并取得了阶段性成效。

（1）明确智能用电互动服务发展目标。2006 年，欧盟理事会发布了能源绿皮书《欧洲可持续的、竞争的和安全的电能策略》，提出了智能用电服务的目标：

1）以用户为中心，提供高附加值的电力服务，满足灵活的能源需求；

2）将分布式发电和可再生能源发电集成到电网中，进行本地能源管理，减少浪费和排放；

3）通过电能表自动管理系统，实现当地用电需求调整和负荷控制；

4）通过开发和使用新产品、新服务，实现对需求的可选择响应。2009 年，美国发布了智能电网建设发展评价指标体系，提出智能电网的 6 个特性：① 基于充分信息的用户参与；② 能够接纳所有的发电和储能；③ 允许新产品、新服务等的引入；④ 根据用户需求提供不同的电能质量；⑤ 优化资产利用效率和电网运行效率；⑥ 电网运行更具柔性，能够应对各类扰动袭击和自然灾害。

（2）拟定智能用电服务实施计划。2008 年，法国电力公司将 2700 万只普通电能表更换为智能电能表，使用户能自动跟踪自身用电情况，并能进行远程控制。2009 年，美国发布《复苏计划尺度报告》，为美国家庭安装 4000 万只智能电能表，实现远程管理及读表等功能。地中海岛国马耳他计划更换 2 万只普通电能表为互动式智能电能表，实现电厂实时监控，并制定不同的电价奖励节电用户。

（3）开展系列负荷响应控制实践。2001 年，意大利的电力公司改造和安装 3000 万只智能电能表，建起了智能化计量网络。2008 年，美国科罗拉多州的波尔德市通过为全部家庭安装智能电能表，使用户可以获得电价信息，从而自动调整用电时间，并可优先使用风电和光伏发电等清洁能源；变电站则可采集每户的用电信息，并且在问题发生时重新配备电力。截至 2008 年，法国超过 1000 万用户可以通过网站、邮件、电话、专门的电子接收装置，获得最大关键峰荷电价信息，实现实时调整用电方式。

（4）开展分布式电源接入等实践。丹麦正在博恩霍尔姆岛试验用汽车电池解决间歇风电问题，通过采用汽车与电网双向有序电能转换技术，可建设更多的风力涡轮机，同时不影响电网安全运行。法国电力公司高度重视并承担了电动汽车充电技术研究、标准制定及基础设施建设工作，为电动汽车提供便利的能源供应服务。美国、澳大利亚、加拿大、日本、英国、德国等近 20 个发达国家已经开展绿色电力机制项目。

随着能源危机的出现和环保的要求，中国也开展了智能用电的研究工作，同时在一些研究领域处于世界领先水平。智能用电是中国坚强智能电网的重要组成部分。智能用电和电力用户关系最为紧密，智能用电建设的好坏直接关系到电网的能源使用效率，经济运行和有序用电，对电网建设、节能环保，电能质量管理产生深远的影响。

风光分布式能源高渗透率下电能计量

2.1 风光资源概况

近年来，风电作为技术最成熟、最具规模化开发条件和商业化发展前景的可再生能源发电技术在全球范围内得到了迅猛发展。我国的风力资源非常丰富，实际可供开发的陆地风能资源总储量有 2.53 亿 kW，风力发电已成为我国能源政策支持的重要发展方向。随着《可再生能源法》的实施和相关配套政策的出台，我国风电进入了高速发展阶段，规划建设了 7 个千万千瓦级的风电基地，风电大规模集中开发、远距离输送的特征明显。

为满足消纳风电、太阳能发电及分布式能源能力的客观要求，2013 年国家电网公司将加大城乡电网改造力度，促进城镇化建设，提高配电网对分布式电源的消纳能力。2 月 27 日，国家电网公司发布的《关于做好分布式电源并网服务工作的意见》，将天然气、生物质能、风能、地热能、资源综合利用发电等所有类型的分布式发电方式纳入并网范围。2013 年 11 月，财政部发布了《关于对分布式光伏发电自发自用电量免征政府性基金有关问题的通知》，对分布式光伏发电自发自用电量免收可再生能源电价附加、国家重大水利工程建设基金、大中型水库移民后期扶持基金、农网还贷资金等 4 项针对电量征收的政府性基金。

从分布式电源的管理模式角度看，湖南省光伏发电项目主要为国家给予财政补贴的"金太阳示范项目"和"国家光电建筑示范项目"；除极个别光伏电站接入 10kV 电压等级外，其他光伏项目均为 380V，接入方式主要为 T 接；消纳方式主要为"全部自用"模式，少量采用"全部上网"、"自发自用余电上网"以及"混合类型"模式；运营模式主要为"自发自用"模式，少量采用"统购统销"和"合同能源管理"模式。

分布式发电供能技术的广泛应用是充分利用本地的可再生能源，向用户提供"绿色能源"的重要途径，是我国实现"节能减排"的重要措施。它是区别于传统集中式发电的一种发电技术，具有建设周期短、维护方便、低污染等。但是由于分布式发电具有波动范围宽、潮流双向流动、换向频繁、自发式并网频率高等特点，分布式发电中的电能计量要考虑双向公平计量、宽负荷高准确度计量、动态负荷计量准确性、有功无功潮流的判断准确性、谐波等电能质量对电能计量的影响等方面。目前，国外就光伏发电提出"网络计量"的概念，而国内绝大部分还是延续传统计量方式，没有考虑到分布式发电的特点对电能计量的影响。这就迫切需要我们结合分布式能源发电的实际特性，研究其对电能计量系统的特殊需求与配置模式，进而制定合理的管理制度，确保电网利益不受损失。

2.1.1 湖南风力资源情况

湖南省作为我国中部内陆省份，风能资源相对较为贫乏，其风能资源潜在可开发的场址区域主要集中分布在湘南、湘中、湘东以及洞庭湖周围，湖南省气象局利用 MM5/CALMET 模式系统对全省风能资源进行了模拟，全省 70m 高度风能资源理论储量约为 5.06 亿 kW。

按湖南省能源局组织编制的《湖南省风电规划报告》，全省 14 个市州共规划风电场场址范围总面积约为 6574km^2，规划总装机容量为 1653 万 kW。风电场分为平原风电场和山地风电场，其中平原风电场主要分布在环洞庭湖地区，山地风电场主要分布在湘南、湘东和湘中地区。湖南省分地区风能资源见表 2-1。

表 2-1　　　　　　　　　湖南省分地区风力资源　　　　　　　单位：m/s

地区	50m 高度平均风速	分布区域
湘东	5.0～6.5	幕阜、连云、九岭、武功和万洋山脉
湘南	5.5～7.0	南岭山脉：大庾岭、骑田岭、萌诸岭、都宠岭和越城岭
湘西和湘西北	5.5～7.5	雪峰山脉和武陵山脉
中部和北部	4.5～5.5	洞庭湖区域

截至 2013 年底，湖南电网并网运行风电场共 9 座，分别为仰天湖、南山、后龙、水源、三十六湾、岚桥、花地湾、天塘山、桃花山，运行风电机组 175 台，所辖风电装机容量 341.3MW，同比增长 81.74%，占统调装机

容量的 1.3%。2013 年风电发电量 5.03 亿 kWh，同比增加 88.36%，占全网发电量的 0.5%。

截至 2013 年底，湖南省通过国家能源局核准的风电项目（含已建项目）共 39 个，总装机达到 2161.9MW。2014 年 2 月国家能源局印发"十二五"第四批风电项目核准计划，总装机达到 2760 万 kW。其中，湖南拟核准风电项目 40 个，总装机 200 万 kW。前四批风电核准计划中，湖南共计有 79 个项目，总装机达到 400 万 kW，各地区风电场数量如图 2-1 所示。

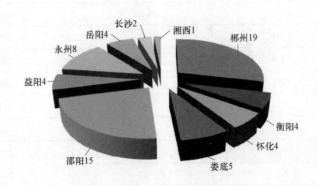

图 2-1　湖南省各地区风电场数量

2014 年，湖南省风电迎来新一波发展高峰，2014 年计划投产风电场 17 座，容量 786.8MW。截至 2014 年底全省风力发电装机容量将达 1274.35MW，占统调装机容量的 4.34%。预计 2014 年风电发电量 10.5 亿 kWh，占统调发购电量的 1%。实际上截至 2014 年底，湖南省新增五凌临湘电力有限公司窑坡山风电厂、株洲凤凰山风电厂、华能湖南苏宝顶风电厂、邵阳隆回宝莲风电厂、郴州太平里风电厂。

湖南省风力资源丰富，近几年风力发电迅速，以郴州地区为例：截至 2013 年 12 月底，郴州电网共有风电场 5 座，分别为仰天湖风电场、后龙风电场、水源风电场、三十六湾风电场、岚桥风电场，在运风电机组 118 台，总装机容量 230.2MW。2013 年郴州电网并网风电场发电量 3.71 亿 kWh，同比 1.25 亿 kWh 增加 205.6%；风力发电量占全网供电量的 6.04%。预计 2015 年底，郴州地区风电场总装机容量达到 626.6MW，具体如表 2-2 所示。

表 2-2 　　　　　　　　　　　　　截至 2015 年底郴州地区风电场装机容量

序号	风电场	装机总容量（MW）	投产时间（年）
1	仰天湖	36.3	2010
2	水源	48	2013
3	三十六湾	48	2013
4	岚桥	49.9	2013
5	后龙	48	2013
6	太平里	49.5	2014
7	苏仙风	48	2014
8	白云仙	49.9	2014
9	乐岭	49.5	2014
10	寒口	48	2015
11	白石渡	49.5	2015
12	东岗岭	50	2015
13	后龙二期	22	2015
14	水源二期	30	2015

2.1.2 　湖南光伏资源情况

根据湖南省太阳能辐射量，可将湖南省太阳能资源划分为资源较丰富、一般、较贫乏和贫乏区四个资源带。

资源较丰富带：主要分布在湖南东北部、东南部，太阳能总量在 4400MJ/m^2 以上。岳阳市、郴州市属太阳能资源较丰富地区。

资源一般带：主要分布在湖南北部、东部以及南部，年太阳能辐射总量在 4200～4400MJ/m^2。长沙市、湘潭市、常德市、益阳市、衡阳市、永州市等属太阳能资源一般地区。

资源较贫乏带：主要分布在湖南省中部、怀化北部地区，年太阳能总量在 4000～4200MJ/m^2。怀化市属太阳能资源较贫乏地区。

资源贫乏带：主要分布在湖南省西部地区。太阳能年总量小于 4000MJ/m^2。湘西自治州、张家界属太阳能资源贫乏地区，以湘西自治州最少。

2.2 风光分布式电源接入电网方式及计量配置

2.2.1 分布式光伏电源接入电网方式

湖南电网分布式光伏电源接入电网典型接线方式有七种，如图 2–2～图 2–8 所示。

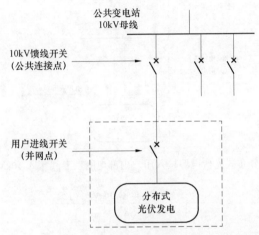

图 2–2 分布式光伏电源专线接入 10kV 配电网

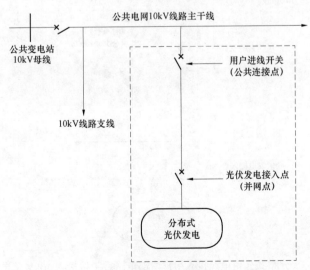

图 2–3 分布式光伏电源 T 接入 10kV 配电网

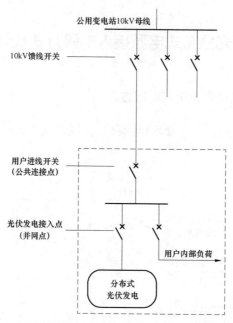

图 2-4 分布式光伏电源接入用户内部电网后专线接入 10kV 配电网

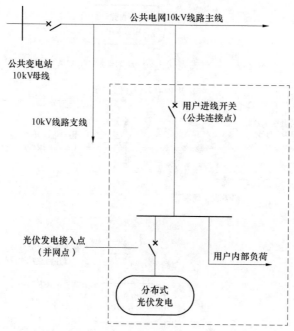

图 2-5 分布式光伏电源接入用户内部电网后 T 接接入 10kV 配电网

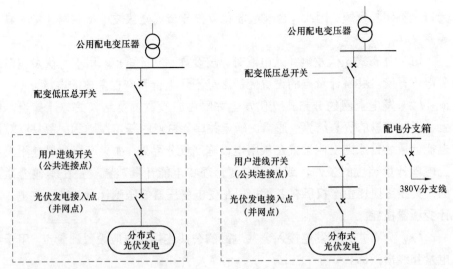

图 2–6　分布式光伏电源专线接入 380V 配电网　图 2–7　分布式光伏电源 T 接接入 380V 配电网

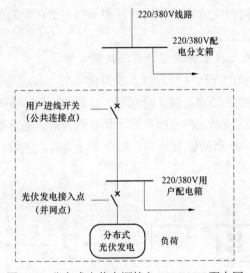

图 2–8　分布式光伏电源接入 220/380V 配电网

2.2.2　分布式光伏电源计量点配置

2.2.2.1　计量点设置原则

电能计量点是输、配电线路中装接电能计量装置的相应位置。在电网中若电能计量点不完善，便不能准确计算发、供、用电成本，给用电客户和供电企业都会带来不便与麻烦。因此，合理选取和设置分布式光伏发电站并网计量点具有重要意义。

（1）分布式光伏发电并入电网时，应设置并网计量点，用于光伏发电量统计和电价补偿。并网计量点的设置应能区分不同电价和产权主体的电量。

（2）发电上网的分布式光伏发电并网还应设置贸易结算关口计量点，用于上、下网电量的贸易结算。通常，确定关口计量点的基本原则为：贸易结算用的电能计量装置原则上应设置在供用电设施产权分界处。如果产权分界处不具备装设电能计量装置的条件，或为了方便管理将电能计量装置设置在其他合适位置的，其线路损耗由产权所有者承担。在受电变压器低压侧计量的高压供电，应加计变压器损耗。

（3）分布式光伏发电接入公共电网的公共连接点也应设置计量点，用于考核电量和线损指标。

（4）若分布式光伏发电并网采用统购统销运营模式时，并网计量点和关口计量点可合一设置，同时完成电价补偿计算和关口电费计量功能，电能计量装置按关口计量点的要求配置。

2.2.2.2　分布式光伏电源典型计量点设置方案

一个带本地负载的光伏并网发电系统简化如图 2-9 所示，A、B、C 这 3 点分别代表光伏并网逆变器输出端、电网端、负载端；SA、SB、SC 分别是 3 点的功率；M 点是公共连接点。在进行并网计量点选择时，通常根据分布式光伏发电系统中 A、B、C、M 点的位置分布并结合实际情况，选取合适的位置分别设置计量用的并网点和关口点。

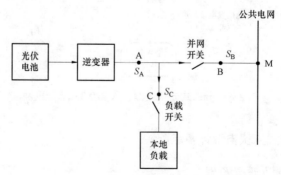

图 2-9　分布式光伏电源并网简图

对于分布式光伏发电接入的电压等级应按照安全性、灵活性、经济性的原则，根据分布式光伏发电容量、导线载流量、上级变压器及线路可接纳能力、地区配电网情况综合比较后确定，可分为低压并和高压并网2类。按照运营模式又可分为统购统销、自发自用/余电上网，对应的计量点的选取与设置分以下4种类型。

（1）低压并网统购统销。分布式光伏发电低压并网且采用统购统销运营模式时，并网点和关口点可合一设置，如图2-10中所示的B点，同时完成电价补偿计算和关口电费计量，电能计量装置按关口计量点的要求配置。

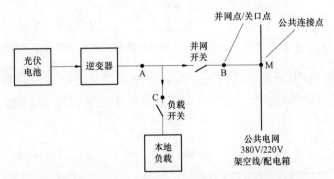

图2-10　分布式光伏发电低压并网统购统销计量点设置示意图

（2）低压并网自发自用/余电上网。分布式光伏发电低压并网且采用自发自用/余电上网运营模式时，并网点和关口点分别设置在图2-11所示的A点和B点。

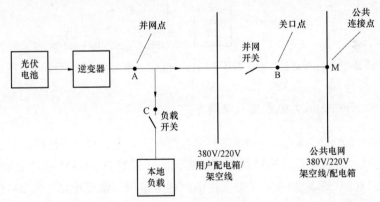

图2-11　分布式光伏发电低压并网自发自用/余电上网计量点设置示意图

（3）高压并网统购统销。分布式光伏发电高压并网且采用统购统销运营模式时，并网点和关口点可合一设置，如图2-12中所示的B点，同时完成电价补偿计算和关口电费计量，电能计量装置按关口计量点的要求配置。

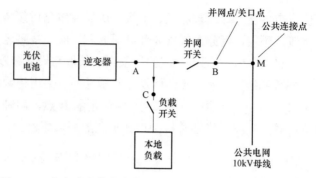

图 2-12　分布式光伏发电高压并网统购统销计量点设置示意图

（4）自发自用/余电上网高压并网。分布式光伏发电高压并网且采用自发自用/余电上网运营模式时,并网点和关口点分别设置在图 2-13 所示的 A 点和 B 点。

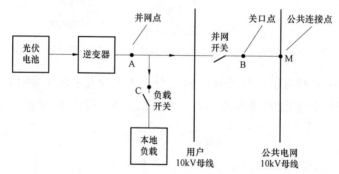

图 2-13　分布式光伏发电高压并网自发自用/余电上网计量点设置示意图

2.2.3　分布式风力电源接入电网方式

湖南电网分布式风力发电接入电网典型接线方式主要有以下几种。图 2-14 中为湖南电网大型风电厂并网接线模式示意图,一般建有 110kV 或者 220kV 升压站,通过 110kV 或者 220kV 线路送往电网相应电压等级变电站。图 2-15 为适用于统购统销（接入公共电网）的分布式风电,T 接于公共电网 10kV 线路,单个并网点参考装机容量 400kW～6MW。图 2-16 为自发自用/余量上网（接入用户电网）的分布式风电,单个并网点参考装机容量 400kW～6MW。一种方式接入 10kV 母线,另外一种方式接入 10kV 线路。

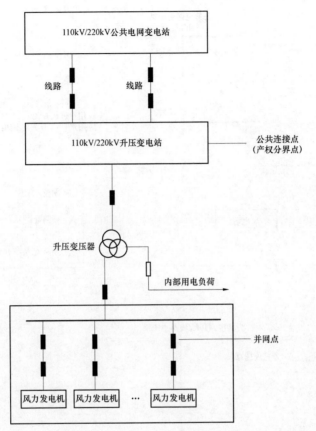

图2-14 分布式风力发电高压并网（接入110kV/220kV）示意图

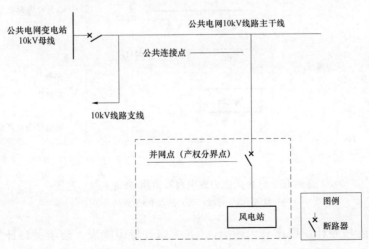

图2-15 分布式风力发电统购统销接入10kV电网示意图

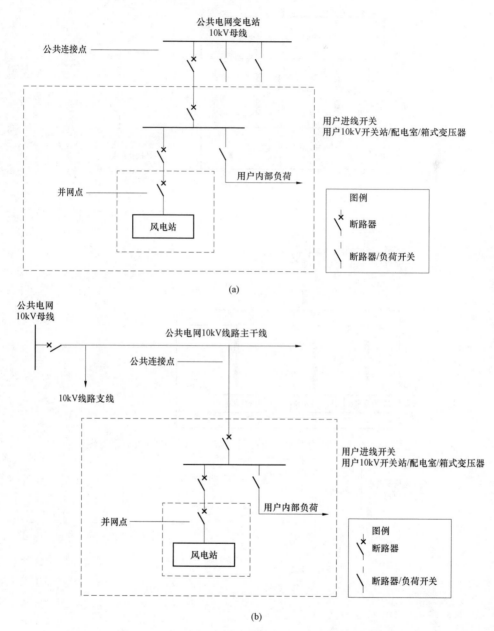

图 2-16 分布式风力发电自发自用/余量上网示意图

（a）接入 10kV 母线；（b）接入 10kV 线路主干线

电能表按照计量用途分为两类：① 关口计量电能表，装于关口计量点，用于用户与电网间的上、下网电量分别计量；② 并网电能表，装于分布式风电电源并网点，用于发电量统计，为电价补偿提供数据。

（1）分布式风电电源系统接入电网前，应明确上网电量和下网电量关口计量点，原则上设置在产权分界点，上、下网电量分开计量，分别结算。产权分界处按照国家有关规定确定，产权分界处不适宜安装电能计量装置的，关口计量点由分布式风电电源业主与电网企业协商确定。分布式风电电源发电系统并网点应设置并网电能表，用于分布式风电电源发电统计和电价补偿。

（2）运营模式为自发自用时，需配置专用关口计量电能表，并要求将计费信息上传至运行管理部门。当运营模式为自发自用且余量不上网时，也可按照常规用户配置关口计量电能表。

（3）对于统购统销运营模式，可由专用关口计量电能表用时完成电价补偿计量和关口电费计量功能。

每个计量点均应装设电能计量装置，其设备配置和技术要求应符合 DL/T 448《电能计量装置技术管理规程》，以及相关标准、规程要求。电能表采用静止式多功能电能表，技术性能符合 GB/T 17215.322《交流电测量设备　特殊要求　第 22 部分：静止式有功电能表（0.2S 级和 0.5S 级）》和 DL/T 614《多功能电能表》的要求。电能表应具备双向有功和四象限无功计量功能、事件记录功能，配有标准通信接口，具备本地通信和通过电能信息采集终端远程通信的功能，电能表通信协议符合 DL/T 645《多功能电能表通信规约》。10kV 及以下电压等级接入配电网，关口计量装置一般选用不低于 II 类电能计量装置。110kV 或者 220kV 电压等级接入配电网，关口计量装置一般选用 I 类电能计量装置。380/220V 电压等级接入电网，关口计量装置一般选用不低于 III 类电能计量装置。

通过 10kV 电压等级接入的分布式风电系统，关口计量点应安装同型号、同规格、准确度相同的主、副电能表各一套。380/220V 电压等级接入的分布式风电系统电能表单套配置。

110kV、220kV、10kV 电压等级接入时，电能量关口点宜设置专用电能量信息采集终端，采集信息可支持接入多个的电能信息采集系统。

380V 电压等级接入时，可采用无线集采方式。多点、多电压等级接入的组合方案，各表计量信息应统一采集后，传输至相关主管部门。

110kV、220kV、10kV 电压等级接入时，计量用互感器的二次计量绕组应专用，不得接入与电能计量无关的设备。

电能计量装置应配置专用的整体式电能计量柜（箱），电流、电压互感器宜在一个柜内，在电流、电压互感器分柜的情况下，电能表应安装中电流互感器柜内。

计量电流互感器和电压互感器精度要求如下：

110kV、220kV、10kV 电能计量装置应采用计量专用电压互感器（准确度 0.2）、电流互感器（准确度 0.2S）。380/220V 电能计量装置应采用计量专用电压互感器（准确度 0.5）、专用电流互感器（准确度采用 0.5S）。

以 380/220V 电压等级接入的分布式风电系统的电能计量装置，应具备电流、电压、电量等信息采集和三相电流不平衡监测功能，具备上传接口。

2.3 分布式电源特性

2.3.1 分布式电源负载特性

由于太阳能、风能具有间歇性、随机性、波动性等特点，并网光伏电站往往接在电网馈线末端，这样就容易造成电压的波动和闪变。光伏电站通过电力电子设备实现直交变换以及并网运行，一方面光伏逆变器本身的调制、死区等因素会产生高、低次谐波电流，另一方面电网谐波电压与三相不平衡等因素也会致使光伏逆变器产生不同次数的谐波电流。

2.3.2 分布式电源计量点特性

分布式电源发电作为智能电网的重要补充，使得原有的电力用户不再是单纯的电网用户，同时还是电网的电源点。传统能源电源，潮流方向只由电源指向用户一端；对于分布式电源，潮流方向变为双向：发电量较大时，潮流方向为用户端流向电网，发电量较小时为电网流向用户端。因此针对有逆潮流并网系统，有两种计量发电量与用电量的方式。一种是净电量计量，是指允许用户利用光伏所发上网电量与用户的购电量相抵扣，从而减少用户电费账单支出的一种结算政策。具体实施细节根据不同装机容量、不同国家、同一国家不同地区而不同。美国已经在 42 个州都通过了《净电量计量法》，即允许光伏发电系统上网和计量，电费按电表净读数计量，允许电表倒转，光伏上网电量超过用电量时，电力公司按照零售电价付费。日本在 2012 年 7 月之前也执行剩余电量上网政策，即净电量计量政策。截至 2011 年初，美国的大部分州以及日本、加拿大、丹麦、意大利、墨西哥等 13 个国家采用净电量政策。

另一种是"上网电价"方式，上网电价是电力公司向用户购买的发电或并网电力价格，即将光伏系统输出端接在电网进户用电表之前，用另一个电表进行计量，这样可以全部计量光伏系统所发出的电量，这个电量由电力公司按照有关国家和地区的政策"优惠"购买。用户使用电网电量的价格低于光伏系统向电网输出电量的价格，从而可使用户从差价中得到收益。德国对可再生能源采用固定上网电价机制，其中允许小于 500kW 的光伏发电采用自发自用模式，由电网企业负责上、下网电量和自用电量的计量，由政府进行电价补贴。美国主要采用投资税抵；免、投资补贴、配额制等政策，天然气多联供根据系统效率确定补贴幅度。日本光伏发电采取初始投资补贴和固定上网电价政策相结合的激励政策。2011年 8 月 1 日，我国宣布首个全国统一的太阳能光伏发电上网电价，国家发展改革委发布《关于完善太阳能光伏发电上网电价政策的通知》，明确了在 2011 年 7 月1 日前后核准的光伏发电项目的上网电价分别为每千瓦时 1.15 元和 1 元。

分布式电源并网分为低压并网和高压并网，低压并网是指用户附近采用低压并网方式与电网进行交互的小型电源，电压等级为单相 220V、三相 380V，该类电源同时与用电负荷及低压电网连接，以"自发自用"为基本原则，余电上网，电量不足则由电网提供；高压并网分布式电源则为接入 10kV 或 35kV（国家电网公司定义不包括）电压等级的较大型新能源电站，为以"电力外送"为主，通常作为电源点使用，但由于其间歇性的特点，在无发电能源等不满足发电的条件下，也需要从电网获取电能以满足电站自身的正常运转。

低压并网分布式电源在并网点连接有电力电子变换装置，使得并网点含有谐波、直流分量，并且由于低压并网分布式电源并网点既有电源又有用电负载，并网点的功率具有双向流动的性质；对于高压并网分布式电源，通常电源发电时功率较大，不满足发电条件切机时自身正常运转需要的功率很小，使得并网点正反向潮流相差很大，对计量带来了双向计量及宽范围计量的问题，使得传统的电能计量检测装置难以满足分布式电源发电特性的计量要求。因此，需要从理论机理及工程应用上分析谐波产生机制及其对计量检测装置的影响。

2.4　分布式电源对计量的影响

常规计量方式在分布式电源并网情况下存在的不适应主要有：

（1）宽范围计量：目前分布式电源并网计量，大都采用同一块具备双向电能计量功能的电能表进行计量，并且共用同一个一次互感器，用正反向电能来分别结算收费。而正反向电流可能差异较大或者同一方向不同发电环境下电流范围很大，需要宽范围计量。

（2）谐波、直流的影响：谐波的快速变化对谐波、基波电流的检测提出了更高的要求，并且谐波、直流成分的存在造成互感器饱和，也是常规计量不适应分布式并网的一个方面。

常规计量在分布式电源并网状态下的适应性情况应在分布式电源并网特性分析的基础上进行，可以将目前存在的一些计量方式装设在同一并网点进行对比分析，检测其差异，根据差异以及常规计量的原理判断其适应性以及不适应的原因。研究常规计量当中分布式电源并网计量点设置、计量设备配置、计量装置精度、传输信息及通道是否合理，主要分析常规计量方案在计量点能量双向流动，功率间歇性、随机性、波动性特点下的适应性。计量方案重点针对计量方式的分析、电能表计量算法在分布式电源并网特性下计量的合理性。开展常规计量现场比对试验。

2.4.1 直流分量对电能计量的影响

电能表信号采样中的运算放大器还是 A/D 都存在直流失调输出，只是直流失调量很小。如果软件不对直流做滤除，该直流分量会叠加到有用的交流信号上，造成失调误差。

电能表计量中用软件动态滤除直流失调分量很难，一方面电网本身在暂态过程存在按指数衰减的直流分量，软件难以区分电网处于暂态或稳态；另一方面，低压侧电网本身含有直流；再有，当电网在稳态非 50Hz 频率时候，要想非常精确地计算出直流分量，需要加大的采样点数据或使用准同步算法多次递归迭代，从而大大增加运算量。所以电能表计量中不推荐采用软件动态滤除直流失调分量，而一般采用静态滤除直流失调分量或不滤除直流失调分量。

假设交流信号有效值为 V，交流电流的有效值为 I，电压的直流失调量为 V_{os}，电流的直流失调量为 I_{os}。

$$u = \sqrt{2} \times V \cos(wt + \phi_v) + V_{os} \qquad (2-1)$$

$$i = \sqrt{2} \times I \cos(wt + \phi_i) + I_{os} \qquad (2-2)$$

则含有直流失调量的电压信号有效值为

$$V = \sqrt{\frac{1}{T}\int_0^T u^2 \mathrm{d}t} = \sqrt{\frac{1}{T}\int_0^T 2 \times V^2 \times \cos(wt + \phi_v)^2 + \sqrt{2} \times V_{os} \times V \cos(wt + \phi_v) + V_{os}^2}$$

$$= \sqrt{\frac{1}{T}\int_0^T V^2 \times \cos(2wt + 2\phi_v) + V^2 + \sqrt{2} \times V_{os} \times V \cos(wt + \phi_v) + V_{os}^2} \qquad (2-3)$$

$$= \sqrt{V^2 + V_{os}^2}$$

所以直流分量对有效值的误差为

$$\varepsilon_V = \frac{\sqrt{V^2 + V_{os}^2} - V}{V} = \sqrt{1 + \left(\frac{V_{os}}{V}\right)^2} - 1 \qquad (2\text{-}4)$$

设 $x = \dfrac{V_{os}}{v}$，则 $\varepsilon_V = \sqrt{1 + (x)^2} - 1$，当 $|x| < 1$ 时，根据 Taylor 级数展开有

$$(1+x)^n = 1 + \frac{n}{1!} \times x + \frac{n \times (n-1)}{2!} \times x^2 + \cdots$$

所以 $\varepsilon_V = (1 + x^2)^{1/2} - 1 \approx 1 + \dfrac{1 \times 2}{1!} \times x^2 + \dfrac{1/2 \times (1/2 - 1)}{2!} \times x^4 + \cdots - 1$

由于 $x \ll 1$，所以 $\left[\dfrac{1/2 \times (1/2 - 1)}{2!} \times x^4 + \cdots\right] \approx 0$

所以有 $\varepsilon_V = (1 + x^2)^{1/2} - 1 \approx 1 + \dfrac{1 \times 2}{1!} \times x^2 - 1 = x^2 / 2$

当 $x \ll 1$ 时，ε_V 收敛速度与 x 的平方的一半成正比。并且造成的误差为正误差。这对于大信号的影响非常小，但是对于 S 级的电能表在小信号时影响就比较明显。

设 $x = \dfrac{V_{os}}{V} = 0.001$，也就是相对于额定值大约有 0.001%的直流漂移。当工作点 $V = V_n$ 代入 ε 公式（V_n 为额定电压）

$$\varepsilon_V = \sqrt{1 + (0.001)^2} - 1 = \sqrt{1.000\,001} - 1 = 1.000\,000\,499\,999\,875 - 1$$
$$= 0.000\,000\,5 = 0.000\,05\%$$

当工作点 $V = 0.01V_n$ 代入 ε 公式（V_n 为额定电压）

$$\varepsilon_V = \left[1 + \left(\frac{0.001}{0.01}\right)\right] - 1 = \sqrt{1.01} - 1 = 0.004\,99 = 0.005 = 0.5\%$$

从以上公式推导可知，失调电压对电压的有效值的影响在低端比较明显，同理失调电流对电流的有效值的影响也是在低端比较明显，把式（2-1）、式（2-2）代入可得

$$P = \frac{1}{T} \int_0^T [\sqrt{2} \times V \cos(wt + \phi_v) + V_{os}] \times [\sqrt{2} \times I \cos(wt + \phi_i) + I_{os}] \mathrm{d}t$$

$$P = \frac{1}{T}\int_0^T [\sqrt{2} \times V\cos(wt+\phi_v) \times I_{os}] + [\sqrt{2} \times I\cos(wt+\phi_i) \times V_{os}] + V_{os} \times I_{os} +$$
$$2 \times VI \times \cos(wt+\phi_v) \times \cos(wt+\phi_i)\mathrm{d}t$$

$$P = \frac{1}{T}\int_0^T [\sqrt{2} \times V\cos(wt+\phi_v) \times I_{os}] + [\sqrt{2} \times I\cos(wt+\phi_i) \times V_{os}] + V_{os} \times I_{os} +$$
$$VI\cos(\phi_v+\phi_i) + VI\cos(2wt+\phi_v+\phi_i)\mathrm{d}t$$

$$（2-5）$$

$$P = V_{os} \times I_{os} + VI\cos(\phi_v - \phi_i)$$

则直流信号对有功功率的影响为：

$$\varepsilon_p = \frac{V_{os} \times I_{os} + VI\cos(\phi_v-\phi_i) - VI\cos(\phi_v-\phi_i)}{VI\cos(\phi_v-\phi_i)} = \frac{V_{os} \times I_{os}}{VI\cos(\phi_v-\phi_i)} = \frac{P_{os}}{P_{ac}}$$

（P_{ac} 为交流信号的有功功率）　　　　　　　（2-6）

直流失调对有功功率的影响为直流失调功率与交流有功功率之比。

设 $\dfrac{V_{os}}{V_n}=0.001$，同时 $\dfrac{I_{os}}{I_n}=0.001$，也就是相对于额定值大约有 0.1% 的直流漂移。当工作点 $V=V_n$ 且 $I=I_n\cos\phi=1$ 代入 ε_p 公式（V_n 为额定电压、I_n 为额定电压）。

$$\varepsilon_p = 0.001 \times 0.001 = 0.0001\%$$

当工作点 $V=V_n$ 且 $I=0.01I_n$，$\cos\phi=1$ 代入 ε_p 公式（V_n 为额定电压、I_n 为额定电压）。

$$\varepsilon_p = 0.001 \times 0.001 / 0.01 = 0.01\%$$

当工作点 $V=0.01V_n$ 且 $I=0.01I_n$，$\cos\phi=1$ 代入 ε_p 公式（V_n 为额定电压、I_n 为额定电压）。

$$\varepsilon_p = 0.001 \times 0.001 / (0.01 \times 0.01) = 1\%$$

由于电能表的工作电压都在 V_n 附近所以直流失调对有功功率的影响是比较小的。

常规采用 TA 方案的电能表设计中相对于额定值的直流漂移一般远小于 0.1%；即使在启动电流点，由于电压信号中的直流漂移非常小，对电量的影响也非常小。所以采用静态滤除直流失调分量或不滤除直流失调分量都是合理的，当然滤除直流失调分量比不滤除直流失调分量，对电压电流示值改善明显。

如果额定电流的采样信号非常小，如电流采样采用罗斯线圈电流或锰铜，且电压采样信号设计过小，采样电路中的直流失调分量设计过大，则对于 S 级的电能表在小信号时影响就比较明显，这种情况需要改善设计方案。

当前国内电能表普遍采用 TA 电流采样方式加电阻分压式电压采样，电阻分压为线性元件，其直流特性较好，关键是 TA 电流采样受直流的影响。直流信号会造成 TA 磁芯饱和少记电量。以下为一款采用 TA 的电能表，在电流回路 $0.5I_{max}$ 电流点中加入不同大小的直流信号对功率的影响测试试验数据如图 2-17 所示。

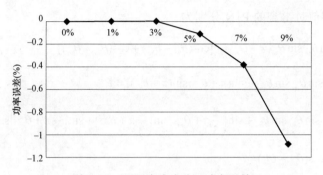

图 2-17 不同直流成分下功率误差

从数据中可以看出当直流成分小于 3% 时对功率没有影响，随直流含量增加，其影响快速增加。参考上面的公式可知，即使相对于额定值大约有 1% 电压，3% 电流的直流漂移时，ε_p 为 0.03%，且对电能表 TA 影响不大。所以电网中的电流直流分量小于 3% 时对电能计量影响可以忽略（不同 TA 阀值不同）。

而针对直流含量非常大的环境，如低压侧直通电能表，则需要考虑采用抗直流的 TA 或采用锰铜电流采样。

2.4.2 谐波对电能计量的影响

谐波是频率为基波频率整数倍的正弦波。假定 n 次谐波的角频率为 wn，则其电压、电流波形可以表示为

$$u_n(t) = U_{mn}\sin(\omega_n t + \theta_{um}) \tag{2-7}$$

$$i_n(t) = I_{mn}\sin(\omega_n t + \theta_{in}) \tag{2-8}$$

功率的理论值计算可得为

$$P_{0n} = \frac{1}{2}U_{mn}I_{mn}\cos(\theta_{an} - \theta_{bn}) \tag{2-9}$$

将电压、电流分别离散化成 N 点，有

$$u_{nd}(t) = U_{mn}\sin\left(\frac{2\pi}{N}d + \theta_{an}\right) \tag{2-10}$$

$$i_{nd}(t) = I_{mn} \sin\left(\frac{2\pi}{N}d + \theta_{bn}\right) \quad (d = 0, 1, 2, \cdots N-1) \tag{2-11}$$

电压、电流瞬时值点积和的结果为

$$P_{1N} = \frac{1}{N}\sum_{d=0}^{N-1} u_d(t)i_d(t) = \frac{U_{mn}I_{mn}}{N}\sum_{d=0}^{N-1}\sin\left(\frac{2\pi}{N}d + \theta_{an}\right)\sin\left(\frac{2\pi}{N}d + \theta_{bn}\right) \tag{2-12}$$

N 取不同值时得到的 P1N 分别为

$$P_{11} = U_{mn}I_{mn}\sin\theta_{an}\sin\theta_{bn} = \frac{1}{2}U_{mn}I_{mn}[\cos(\theta_{an} - \theta_{bn}) + \cos(\theta_{an} + \theta_{bn})]$$

$$P_{12} = \frac{1}{2}U_{mn}I_{mn}[\sin\theta_{an}\sin\theta_{bn} + \sin(\pi + \theta_{an})\sin(\pi + b_{bn})] = P_{11}$$

$$P_{13} = \frac{1}{6}U_{mn}I_{mn}\left[\sin\theta_{an}\sin\theta_{bn} + \sin\left(\frac{2}{3}\pi + \theta_{an}\right)\sin\left(\frac{2}{3}\pi + \theta_{bn}\right) + \sin\left(\frac{4}{3}\pi + \theta_{an}\right)\sin\left(\frac{4}{3}\pi + \theta_{bn}\right)\right]$$

$$= \frac{1}{2}U_{mn}I_{mn}\cos(\theta_{an} - \theta_{bn})$$

……

当 $N \geq 3$ 时，$P_{\text{in}} = P_{\text{on}}$，点积和的误差迅速收敛至 0。可见对 n 次谐波而言，只要保证该次谐波一周期内采样 3 点及以上，即可通过点积和方式得到该次谐波有功电能的准确值，对应的基波的周期采样点数为 $3n$。也就是对于 n 次谐波，只要电能表的采样率满足 $f_s \geq f_0 \times 3n$（f_0 为基波频率），即可得到准确的有功功率或有功电能。

对一款采样率为 3.2kHz 的 0.5S 级电能表进行了谐波实验，用可产生 100 次谐波的高稳定度功率源作为谐波发生装置，将电能表计量所得功率值与功率源输出的标准值进行比较得到的误差结果如表 2-3 所示。

表 2-3   不同次谐波功率误差测试结果

谐波次数	16	21	24	31	35
有功功率标准值（W）	28.994	28.994	28.994	28.994	28.994
有功功率测量值（W）	28.981	28.984	28.887	28.721	28.690
误差（%）	−0.045	−0.034	−0.369	−0.942	−1.048

误差以 21 次谐波为分界点，小于 21 次的谐波误差很小，可准确计量，大于 21 次的谐波误差迅速增大，超过表计的准确度等级限制。

间谐波的影响较谐波稍为复杂，间谐波存在时有功计量的误差不仅与采样率有关，跟纳入计算的周期数也有关系。当电压电流中含有相同频率成分的间谐波时，可以用下式表示：

$$u(t) = U_{1m}\sin(100\pi t + \theta_{1a}) + U_{im}\sin(a100\pi t + \theta_{ia}) \quad （2-13）$$

$$i(t) = I_{1m}\sin(100\pi t + \theta_{1b}) + I_{im}\sin(a100\pi t + \theta_{ib}) \quad （2-14）$$

U_{1m}、I_{1m}、θ_{1a}、θ_{1b} 分别为电压、电流基波成分的最大值和初始相角，U_{im}、I_{im}、θ_{ia}、θ_{ib} 分别为电压、电流间谐波成分的最大值和初始相角，a 为间谐波的次数，为了简化分析且使趋势便于观察，假设所有的初始相角都为 0，间谐波含量为基波成本的 50%，这样有功功率的理论值为

$$P = \frac{1}{T}\int_0^T u(t)i(t)\mathrm{d}t = U_{1m}I_{1m}\left\{\frac{5}{8} + \frac{\sin(4a\pi)}{32a\pi} + \frac{\sin[2(1+a)\pi]}{8(1+a)\pi} - \frac{\sin[2(1-a)\pi]}{8(1-a)\pi}\right\}$$

$$（2-15）$$

有功功率采用单周期平均值，使用 matlab 建立理论积分模型和离散点积和模型，仿真比较两种不同的采样率 4kHz、12.8kHz 下，点积和与积分理论值之间的误差随间谐波次数的变化之间的关系，结果如图 2-18 所示。

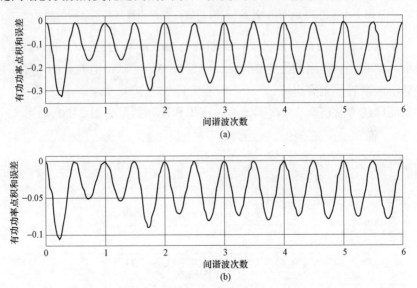

图 2-18　不同采样率下积分误差随间谐波次数变化趋势

（a）采样率 f_s=4kHz；（b）采样率 f_s=12.8kHz

从仿真结果不难看出：

当间谐波次数为 $0.25\times 2n$（n=1，2，3…）时，点积和的误差接近 0，可以忽

略；而当间谐波次数为 0.25×（2n−1）（n=1，2，3⋯）时，点积和引入的积分误差较大；对于同次的间谐波，不同采样率下误差的变化趋势相同，高采样率下误差的绝对值比低采样率时小得多。

对谐波而言，单周期平均功率与多周期相同；间谐波存在时，单周期平均功率与多周期平均功率相差较大。以 0.25 次间谐波为例，在采样率一定的情况下，纳入计算的周期数与点积和积分误差之间的关系，可通过仿真得到如图 2–19 所示结果。

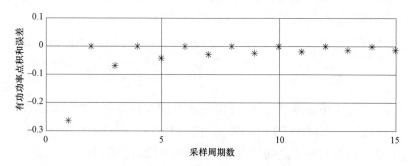

图 2–19　0.25 次间谐波存在时周期数与点积和积分误差之间的关系

对于 0.25 次谐波而言，当采样周期数为 2n（n=1，2，3⋯）时，点积和的误差极小可忽略，采样周期数为 2n−1（n=1，2，3⋯）时，随着 n 的增加误差呈收敛趋势，逐渐趋于无穷小值。

用同样的方法仿真 2.3 次间谐波的点积和误差结果如图 2–20 所示。

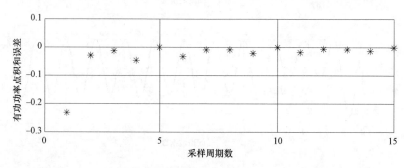

图 2–20　2.3 次间谐波存在时周期数与点积和积分误差之间的关系

当采样周期数为 5n（n=1，2，3⋯）时，点积和的误差很小可忽略，采样周期数为其他值时，误差在 5n−4～5n−1 之间振荡，且随着 n 的增加误差的振荡幅度逐渐减小，最终误差趋于无穷小。同理对其他次数的间谐波也进行了分析，可以得到如下规律：

（1）对于 a 次间谐波，存在特征周期数，当用于计算有功功率的样本周期数等于特征周期数时，点积和引入的积分误差趋于 0，可以忽略；这个特征周期数由式（2-16）决定

$$M=m/（2a-[2a]）（M \text{为整数时}）m=1，2，3\cdots \qquad （2-16）$$

$[2a]$ 表示对 $2a$ 取整。

（2）样本周期数不为特征周期数时，样本周期数越大，误差越趋近于无穷小。间谐波存在时，有功功率的准确度取决于所用的样本周期数，电能是时间上的不断累加，随着时间的推进，间谐波导致的电能计量误差会越来越小。

2.4.3 分布式电源对电能计量影响实例

风电场网关口的电能计量存在特殊性，既有风机发电上网的正向电量，也有风机启动前从电网吸收的反向电量，用以带动风机运行。目前风电场网关口，大都采用同一块具备双向电能计量功能的电能表进行计量，并且共用同一个一次互感器，用正反向电能来分别结算收费，如图 2-21 所示。

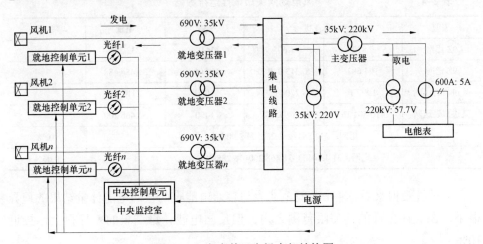

图 2-21 湖南某风电场内部结构图

风电场一般由 30～100 台风机组成，目前使用较为普遍的风机规格主要有额定功率为 1500kW 和 750kW 两种。风电场在发电并网的过程中，包含了发电和取电两个过程。

发电过程详见图中绿色箭头所示流程：风机发出的电能电压为 690V，每台

风机配有就地升压器，将该风机发出的电能电压从 690V 转变为 35kV，n 台风机发出的电能通过集电线路到达主变压器初级，主变压器将所有风机发出的电能电压转变为 220kV 输送到电网。

风机发电并网之前，需要从电网取电带动风机转动，然后逐步过渡到发电过程。风机取电的过程详见图中红色箭头所示流程，与上述发电流程刚好相反。此外，每台风机都配备有就地控制单元，用以控制风机的起停，调整风机转速等，就地控制单元通过光纤连接至主控室的中央控制单元，通过主控室的操作即可实现出电功率的调节，监测风机设备的运行情况等。所有现场控制单元以及主控室中央监控单元也需要从电网取电才能正常运行。

电能计量单元安装在 220kV 侧，常用的电压互感器规格为 220kV：57.7V，电流互感器规格为 600A：5A，表计所计量的正向电能代表了风电场向电网输送的电能，而反向电能代表了风电场从电网取用的电能。

将 0.3（6）A 规格的冲击负荷表与 5（6）A 规格的某进口表挂在同一风电场网关口的计量点，经历数月后的计量结果比对如表 2-4 所示。

表 2-4 风电场网关口试挂运行数据

表型	有功表底		倍率	电量	差异
9Z 用网	0.812	1.693	264 000	232 584	
9Z 送网	194.682	313.949	264 000	31 486 488	
某进口表用网	1997.1	2208.35	1000	211 250	
某进口表送网	410 504.16	441 972.36	1000	31 468 200	
用网：232 584−211 250=21 334kWh					10%
送网：31 486 488−31 468 200=18 288kWh					0.06%

从试挂数据来看，冲击负荷电能表与普通电能表的正向电能计量结果的差异很小，在表计允许的误差限范围之内；但反向电能计量结果的差异很大，接近 10%。

当风电场向负荷供电时，通过一次互感器测得的工作电流区间为 1.5～6A；无论是 5（6）A 规格的进口表，还是 0.3（6）A 规格的表，在此工作电流区间都具备良好的计量准确度，因此正向能量的差异非常小。

对于反向能量，风机启动时从电网取电的电流很小，主要用于风机内部一些功能部件的工作需要，如偏航、变桨、电控柜的工作等。这些功能部件在并网之前消耗的电能功率，每台风机并不相同。例如，因有些风机并网之前需要偏航，而其他机组并网之前可能是正对风向的，不需要偏航。一般来讲，风机并网之前需要消耗的电能功率在 0～20kW 之间，平均为 8kW 左右。

以单台风机启动功率 8kW 计算，换算到 220kV 侧对应的风机启动耗电电流为

$$I_1=8kW/220kV=0.03\ 636（A）=36.36（mA）$$

该电流经过电流互感器的变换后，对应进入到表内的耗电电流为

$$I_2=36.36mA/600A×5A=0.303（mA）$$

5（6）A 规格电能表的启动电流为 5mA，意味着 16 台以下风机同时启动时，从电网获取的电能该表计无法计量，产生反向电能的损失；

0.3（6）A 规格电能表的启动电流为 0.3mA，意味着即使只有 1 台风机启动时，所消耗的能量也能够被计量。

2.4.4　分布式电源四象限无功组合方式

根据 DL/T 645 对四象限无功的定义，将无功电能量划分为正反向容性无功和正反向感性无功四部分，对于用电用户来讲，用户是负载，负荷分为容性和感性两种，分别对应负无功和正无功，计量时采用对四象限无功进行 Ⅰ+Ⅳ、Ⅱ+Ⅲ 象限组合计为用户的输入、输出无功；对于发电用户来讲，用户为发电机，吸收正无功相当于欠励磁，输出无功相当于过励磁，计量时采用对四象限无功进行 Ⅰ+Ⅱ、Ⅲ+Ⅳ 象限组合计为用户的输入、输出无功；上述两种情况的无功计量都已成熟完善，但是当一个用户既是发电用户又当用电用户时，若采用一只电能表进行计量，无论如何设置无功组合方式，均会出现与供电公司的功率指标两两相悖的情况，导致无法保证对该类用户无功指标考核的公正性。为保证电网的供电质量，电网调度要求光伏电站在夜间投入无功补偿装置，在现有无功组合计量方式下，影响了用户无功电量的计量，导致功率因数超出功率考核指标，而造成用户不能接受。

目前，随着大量光伏电站、风力发电厂的并网投运，新能源电厂发出的大量带有杂质的电量对电网产生了强大的冲击，严重影响了电网的供电质量，同时也为电能的准确计量造成了困难。当分布式电源作为用户时，其功率因数很低，功率角接近 90 度，此时无功准确度较难保证，甚至有可能出现四象限无功象限判断错误，可能导致功率因数收费出错问题出现。不同国家对四象限无功的定义不一样。根据 DL/T 645，多功能电能表通信规约对电能测量四象限的定义如图 2-22 所示。

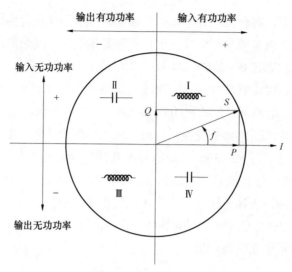

图 2-22　四象限的几何表示

计量物理意义上的输入（正向）无功和输出（反向）无功电能，可按以下组合：

输入（正向）无功电能=QI 无功电能+QII 无功电能

输出（反向）无功电能=$QIII$ 无功电能+QIV 无功电能

实际无功计量中根据计量点类型的不同，其正反向无功电能的组合方式也不同。

用电用户计费点设置

输入（正向）无功电能=QI 无功电能+QIV 无功电能

输出（反向）无功电能=QII 无功电能+$QIII$ 无功电能

变电站考核表及电网间关口表设置

输入（正向）无功电能=QI 无功电能+QII 无功电能

输出（反向）无功电能=$QIII$ 无功电能+QIV 无功电能

发电站（小水电）关口表设置：

当关口计量点安装在电厂侧时，可设置为

输入（正向）无功电能=QI 无功电能−QIV 无功电能

输出（反向）无功电能=QII 无功电能+$QIII$ 无功电能

当关口表设置在电网侧时，可设置为

输入（正向）无功电能=QI 无功电能+QIV 无功电能

输出（反向）无功电能=QIII 无功电能–QII 无功电能

2.5 风光分布式电源计量装置的管理

2.5.1 分布式风力电源电能计量管理

目前，湖南电网接入风电都为大型发电厂，基本上为 110kV 电压等级送出，是和省交易中心统一结算，所以其电能计量装置管理策略与分布式光伏发电系统不同。

2.5.1.1 职责与分工

（1）分布式风力发电电能计量装置的归口管理部门为省公司营销部，省公司生产技术部、湖南省电力公司科学研究院（以下简称省电科院）、湖南调度通信局（以下简称省调通局）协助。省电科院负责技术指导和监督。

（2）分布式风力发电电能计量点由省公司发展策划部组织有关部门负责更改、取消、确定。

2.5.1.2 分布式风力发电电能计量装置的设计、安装和验收

（1）分布式风力发电电能计量装置必须根据计量规程及其相关规程的规定和省公司贸易结算的需要进行设计，准确度等级、接线方式等均应满足规程规定及省公司贸易结算的要求。

（2）新建、扩建、改建的电力工程项目需由电力计量部门共同参与设计审查，由省公司营销部负责组织提出审查意见。

（3）分布式风力发电电能计量装置的施工必须按照已审查通过的图纸进行。凡因特殊情况需改变设计的，由该设计文件原审批单位会同省公司营销部重新审查同意。

（4）分布式风力发电电能计量装置在安装过程中必须进行中间验收，主要包括分布式风力发电电能计量装置的出厂中间验收及其投运前的预验收。由省公司营销部负责组织，省电科院负责技术指导和监督。

（5）分布式风力发电电能计量装置在投入运行前须经省电科院测试，并将测试结果及有关数据报省公司营销部、省调通局，经省公司营销部组织有关部门验收合格后才能投入运行，有关计量手续未完善前不能送电。

2.5.1.3 分布式风力发电电能计量装置的运行维护和校验

（1）分布式风力发电电能计量装置投入运行后，日常的运行、维护和轮换由产权隶属单位［相应的电厂（站）、电业局］负责，由省电科院负责技术指导和监督。省级关口电能表轮换流程由省电科院负责，轮换工作的现场工作负责人、安全监督人、工作票和安全措施由轮换单位负责。

（2）校验除省公司有明确规定的特殊情况外，均由负责管辖和受托管理的市（州）电业局计量部门负责，按照颁布的计量规程及其相关规程、管理办法等要求进行。

（3）省电科院应加强对分布式风力发电电能计量装置的监督检查工作，对每套分布式风力发电电能计量装置的检查每年不少于1次。

2.5.1.4 分布式风力发电电能计量装置的故障处理及电量追补

（1）当分布式风力发电电能计量装置在运行中发生故障时，有关电厂（站）、变电站应及时与当地电业局计量部门及有关调度部门联系。电业局计量部门应及时进行分析和处理，并将故障情况和处理结果及时报省公司营销部、省电科院和有关调度部门备案，故障处理时间不得超过3天。

（2）当计量装置不正常，造成计量差错需对结算电量进行纠正时，由当地电业局计量部门与各电厂（站）按有关规定进行协商，并将协商结果报省公司营销部，省公司营销部会同有关部门审查确认后，及时通知调通局。

（3）当分布式风力发电发生计量纠纷时，由省公司营销部组织进行仲裁。

（4）分布式风力发电电能计量装置的计量故障，省电科院应直接参与计量故障的处理及计量差错电量的核算。

（5）分布式风力发电电能表正常轮换工作中追补电量的计算由省电科院负责。

2.5.2 分布式光伏发电电能计量管理

目前，湖南省内光伏发电接入电网系统为380V、220V、10kV电压等级，省内还没有110kV及以上电压等级的光伏发电系统，所以湖南省内分布式光伏发电系统的电能计量管理任务主要在地市公司和县公司。

2.5.2.1 地市公司职责

（1）地市营销部（客户服务中心）负责分布式光伏发电项目并网申请全过程管理和协调工作。负责受理分布式光伏发电并网项目的各类咨询；负责受理客户并网申请；负责组织审定380V分布式光伏发电项目接入系统方案；负责受理并网验收及调试申请；负责签订分布式光伏发电项目购售电合同，并报省公司发展策划部、电力交易中心备案；负责组织并网验收、调试，安排并网运行。负责关口计量表计的安装；负责 380V 接入分布式光伏发电项目并网后运行管理和数据监控；负责分布式光伏发电项目并网所涉及农网工程管理；负责开展分布式光伏发电项目并网流程时限统计。

（2）地市运维检修部负责落实省公司分布式光伏发电项目并网所涉及电网工程管理、配电网运行管理等规定；负责对分布式光伏发电项目并网所涉及电网工程立项和编制设计、施工、监理、物资的招标采购需求；参与分布式光伏发电项目接入系统方案审定；负责公共电网改造工程和接入公共电网的分布式光伏发电项目接入工程的实施；负责配合营销部（客户服务中心）开展并网验收、调试，启动工作；参与工程建成后的财务增资工作。

（3）地市调度控制中心参与审定分布式光伏发电项目接入系统方案；负责调度管辖范围内设备的继电保护整定计算；负责与 10（20）kV 接入的分布式光伏发电项目（或电力客户）签订调度协议；负责编写调度设备的启动并网及调试方案；协助客户内部启动方案审核；参与并网验收及调试工作，负责 10（20）kV 接入分布式光伏发电项目并网后运行管理和数据监控。

（4）地市经研所负责编制分布式光伏发电项目接入系统方案。

2.5.2.2　县公司职责

（1）县客户服务中心负责分布式光伏发电项目并网申请全过程管理和协调工作；负责受理分布式光伏发电并网项目的各类咨询；负责受理客户并网申请；负责受理并网验收及调试申请；负责签订分布式光伏发电项目购售电合同；负责组织并网验收、调试，安排并网运行；负责关口计量表计的安装；负责分布式光伏发电项目并网所涉及农网工程管理。

（2）县安全运检部负责对分布式光伏发电项目并网所涉及电网工程立项；负责公共电网改造工程和接入公共电网的分布式光伏发电项目接入工程的实施；负责配合客户服务中心开展并网验收、调试，启动工作。

2.5.2.3　计量管理

（1）分布式光伏发电项目接入配电网时，需在并网接入处和发电侧同时设置计量点。并网接入计量点应设置在分布式电源接入配电网的产权分界处，分布式光伏电源发电侧应尽量集中，各个集中点设置一个计量点。

（2）电能计量装置配置应符合 DL/T 448—2016《电能计量装置技术管理规程》的要求。

（3）分布式光伏电能计量表应符合公司相关电能表技术规范，应具备双向计量、分时计量、电量冻结等功能、支持载波、RS 485、无线多种通信方式、适应不同使用环境下数据采集需求。

（4）220V 计量点应配置单相电子式电能表或单相电子式载波电能表，表计应符合国网公司单相电子式电能表技术标准、三相电子式电能表技术标准。

（5）380V 计量点和 10kV 计量点应配置普通三相电子式电能表、三相电子式载波电能表或三相电子式多功能电能表，表计应符合 JJG 596—2012《电子式交流电能表、检定规程》的要求。

2.6　分布式电源电能计量管理策略

2.6.1　管理策略结论

随着国家对分布电源项目配套政策和标准的完善，在未来相当长的一段时间内，分布式电源尤其是分布式光伏发电和分布式风力发电将呈现快速发展趋势。给湖南电网分布式风力、光伏发电系统的电能计量装置管理及技术上都带来了变动。

（1）湖南省作为我国中部内陆省份，风能资源相对较为贫乏，其风能资源潜在可开发的场址区域主要集中分布在湘南、湘中、湘东以及洞庭湖周围，全省 70m 高度风能资源理论储量约为 5.06 亿 kW。风电场分为平原风电场和山地风电场，其中平原风电场主要分布在环洞庭湖地区，山地风电场主要分布在湘南、湘东和湘中地区。

（2）湖南省内光资源较丰富带：主要分布在湖南东北部、东南部，太阳能总量在 4400MJ/m² 以上。岳阳市、郴州市属太阳能资源较丰富地区。资源一般带：主要分布在湖南北部、东部以及南部，年太阳能辐射总量在 4200～4400MJ/m²。长沙市、湘潭市、常德市、益阳市、衡阳市、永州市等属太阳能资源一般地区。资源较贫乏带：主要分布在湖南省中部、怀化北部地区，年太阳能总量在 4000～4200MJ/m²。怀化市属太阳能资源较贫乏地区。资源贫乏带：主要分布在湖南省西部地区。太阳能年总量小于 4000MJ/m²。湘西自治州、张家界属太阳能资源贫乏地区，以湘西自治州最少。

（3）目前，湖南电网中的分布式光伏发电系统，主要为 10kV 及 380V、220V 电压等级接入方式，贸易结算用的电能计量装置原则上应设置在供用电设施产权分界处。湖南电网中的分布式风力发电系统主要为 110kV、220kV 电压等级接入方式，贸易结算计量点一般设置在供用电设施产权分界处。

（4）湖南电网中分布式风力、光伏发电系统中的直流分量、谐波分量对电能计量的准确性具有较大的影响。目前风电场网关口，大都采用同一块具备双向电能计量功能的电能表进行计量，并且共用同一个一次互感器，用正反向电能来分别结算收费。由于风机启动时负荷小，上下网共用一个一次互感器，造成下网计量不准确。当分布式光伏发电系统，既是发电用户又当用电用户时，若采用一只电能表进行计量，无论如何设置无功组合方式，均会出现与供电公司的功率指标两两相悖的情况，导致无法保证对该类用户无功指标考核的公正性。

（5）依据湖南电网的实际情况，制定了湖南电网分布式风力发电电能计量系统方面的管理制度，明确了省公司各级机构的责任。还制定了湖南电网分布式光伏发电电能计量系统的管理制度，主体管理责任主要在市、县公司，明确了市、县各级机构的职责。

2.6.2　管理策略建议

（1）调研湖南电网各地区分布式电源发展情况，制定分布式电源发展规划，促进分布式电源科学有序发展。统一管理分布式电源的电能计量装置，不仅做到计量的准确、公平与公正，还要加大光伏发电系统电能计量装置的防窃电监管力度、技术与管理策略研究，避免"骗补"发生。

（2）建议对湖南电网分布式风力发电电能计量装置的上下网关口，分为两套电能计量装置，一套为上网关口电能计量装置，另一套为下网关口电能计量装置，依据实际情况分别对一次电压、电流互感器，电能表进行选型，合理配置确保计量准确性。

（3）加快完善分布式光伏发电单相上下网区分计量的技术研究及制定相应的管理制度，采取宽量程计量装置解决分布式发电电能质量对计量准确性的影响，结合实际情况制定合理的分布式光伏发电系统无功考核制度，确保电网公司和用户利益的公平公正。

（4）建议结合湖南省不同地区实际和分布式电源接入系统设计工作，进一步优化电能计量装置的典型方案，在确保安全可靠的前提下，简化方案、降低电能计量装置的投资。

（5）建议组织分布式电源相关制造企业开展分布式光伏、风力发电并网接口成套设备一体化装置的研制，将逆变控制、保护、智能计量、通信等单元设备集合为成套设备，规范设备选型、保障安全、减少投资。

（6）建议分批开展对不同类型分布式电源（光伏、生物质、天然气和风电）的电能计量系统相关知识、技术与管理制度的专项业务培训，提升计量专业相关人员的水平与素质。

3

智能变电站混合混杂电能计量

3.1 智能变电站现状及电能计量模式

3.1.1 智能变电站现状

智能变电站是衔接智能电网发电、输电、变电、配电、用电和调度六大环节的枢纽，同时也是实现能源转化和控制的核心平台之一，是实现风能、太阳能等新能源接入的重要支撑，也是实现全球能源互联的重要部件。近年来，随着智能电网建设的不断深入，国内已有 200 多座智能变电站建成投运。电力系统经历了从 100 多年前直发直供的雏形到现代电力系统的发展，变电站作为电力枢纽，也经历了从无到有、从常规变电站到智能变电站的发展历程。

常规变电站经历了早期传统变电站、综合自动化变电站和数字化变电站三个发展阶段。传统变电站大多采用常规的设备，尤其是二次设备中的电能计量装置采用电磁型，电能表采用机械式，设备本身结构复杂、可靠性不高，而且又没有故障自诊断的能力，主控室、继保室占地面积大。

综合自动化变电站利用先进的计算机技术、现代电子技术、通信技术和信息处理技术等实现对变电站二次设备（包括保护、控制、测量、计量等）的功能进行重新组合、优化设计，对变电站全部设备的运行情况实行监视、测量、控制和协调的一种综合性的自动化系统，变电站内各设备间实现了相互交换信息，数据共享，完成了对变电站运行状况进行监视和控制的任务。

数字化变电站与传统变电站的结构有了很大的不同（如图 3-1 所示），它按照 IEC 61850 标准进行分层和分布建设，采用数字化技术使变电站的信息采集、传输、处理、输出过程全部数字化，并使通信网络化、模型和通信协议统一化、设备智能化、运行管理自动化。

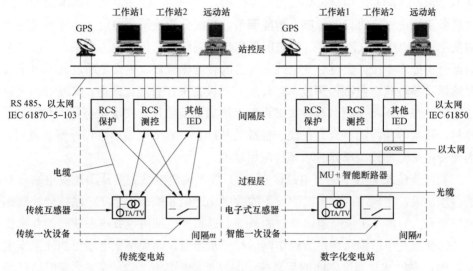

图 3-1　传统变电站与数字化变电站结构比较

数字化电站自动化系统的结构在物理上可分为两类，即智能化的一次设备和网络化的二次设备；在逻辑结构上可分为三个层次，根据 IEC 61850 标准的定义，这三个层次分别称为"过程层"、"间隔层"、"站控层或变电站层"。各层次内部及层次之间采用高速光纤网络通信，三个层次的关系如图 3-2 所示。

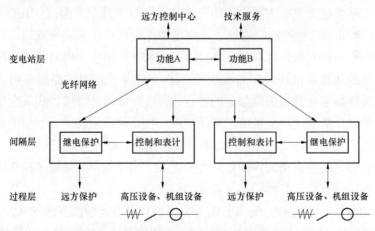

图 3-2　数字化变电站自动化系统结构模型

智能变电站是由先进、可靠、环保、集成的设备组合而成，以高速网络通信平台为信息传输基础，以全站信息数字化、通信平台网络化、信息共享标准化为基本要求，自动完成信息采集、测量、控制、保护、计量和监测等基本功能，同时具备支持电网实时自动控制、智能调节、在线分析决策、协同互动等高级功能的变电站。以电子式互感器等先进的采集传感系统作为信息输入源头，辅以高级数据分析处理手段，实现对变电站各设备的智能化管理。主要是通过利用电子式互感器及各种状态监测传感技术对传统一次设备进行智能化改造，实现一二次融合发展；在变压器及断路器等关键设备上增加智能组件，实现状态监测与保护、控制、测量等功能的整合。在统一标准的基础上，对变电站信息进行整合复用，实现变电站管理控制单元各项高级应用功能。

智能变电站与数字化变电站区别：① 数字化变电站主要从满足变电站自身的需求出发，实现站内一、二次设备的数字化通信和控制，建立全站统一的数据通信平台，侧重与在统一通信平台的基础上提高变电站内设备与系统间的互操作性。而智能变电站则从满足智能电网运行要求出发，比数字变电站更加注重变电站之间、变电站与调度之间的信息统一与功能的层次化。② 数字化变电站已经具备了一定程度的设备集成和功能优化的概念，实现了一、二次设备的初步融合。而智能化变电站设备集成程度更高，可以实现一、二次设备的一体化、智能化整合和集成。③ 智能变电站在数字变电站的基础上实现了两个技术上的跨越：监测设备的智能化，重点是对断路器、变压器的状态监测；故障信息综合分析决策，变电站要能和调度进行信息的双向交流。

湖南电网智能变电站主要采用的先进技术有以下几个方面：① IEC 61850 标准。IEC 61850 通信标准的应用统一了变电站综合自动化系统的规约，解决了不同厂家规约不同的互操作性问题。并且 IEC 61850 采用了面向对象的建模技术，模型带有自描述性，可读性和通用性强。② 基于全景信息的高级应用。由于智能变电站采样数字化和通信网络化的特点，通过一体化平台可以获得全站所有设备的运行信息，基于这种全景信息可以实现一些高级应用功能。如智能告警、二次系统在线监测等。③ 顺控控制简化了操作流程。顺序控制可以实现一次设备任意两个状态之间的自动切换操作，大大提高了操作效率，降低了操作风险，若能够推广应用将会给运行维护带来极大的便捷性。

截至 2014 年 11 月底，湖南省电力公司拥有已投运智能变电站 45 座，其中 220kV 18 座、110kV 27 座。出线 319 回，变电容量 5 791 000kVA。已投运的 45 座智能站中最早投运为长沙 110kV 曾家冲变电站，投运时间为 2010 年 12 月，属国家电网公司第一批智能变电站试点站。其他 44 座智能变电站投运时间集中在 2012 年 11 月～2014 年 11 月。其中，2012 年底投运 2 座，2013 年投运 24 座，

2014 年投运 24 座。

对全省 45 座已投运智能站在投运后发现或出现的缺陷、问题进行了收集和分析，收集二次系统各类问题 97 项，其中装置质量问题 53 项，调试遗留，问题 27 项，设计问题 9 项，其他问题 17 项，如图 3-3 所示。

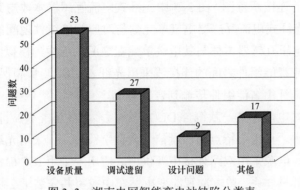

图 3-3　湖南电网智能变电站缺陷分类表

3.1.2　智能变电站电能计量模式

2010 年湖南电网建设首座 110kV 智能变电站（110kV 曾家冲变电站），2012 年建设了 3 座 220kV 智能变电站，其中典型代表为长沙 220kV 林海智能变电站。2015 年新投运了一座 500kV 鼎功智能变电站，同年还开始动工了新一代智能变电站——220kV 攸东变电站。

3.1.2.1　110kV 曾家冲智能变电站电能计量系统

（1）电能计量装置配置。长沙 110kV 曾家冲智能变电站电能计量装置主要由三部分组成：电子式电压互感器、光纤式电流互感器、计量用合并单元及其传输回路和三相四线制光纤式电能表。电子式电压互感器、光纤式电流互感器的分布如图 3-4 所示，三相四线制光纤式电能表位于控制室电能计量屏内。电子式电流互感器配置在 110kV 的延曾Ⅰ线、延曾Ⅱ线以及Ⅰ母、Ⅱ母之间母联，Ⅱ母、Ⅳ母之间母联处，主变压器 10kV 出线处也采用光纤式电流互感器，为南瑞航天的全光纤型电流互感器；考虑稳定性、抗干扰性等因素，光纤式电流互感器采用冗余配置，每个安装点均安装两组全光纤电流互感器，每组电流互感器含 1 个独立的电流传感/采集光路，等级为 0.2S（5TPE）级，保护、测量、计量合用，共 30 台。电压互感器配置：110kV 电压互感器均采用西安华伟的电容分压型电子式电压互感器，分别分布在 110kV 延曾Ⅰ线、延曾Ⅱ线（单相均为 A 相），110kVⅠ

母、Ⅱ母、Ⅳ母（为三相）处，共计 11 台。110kV 电子式电压互感器，等级为 0.2（3P）级，保护、测量、计量合用。110kV 延曾Ⅰ线、延曾Ⅱ线 A 相电子式电压互感器含 1 路独立输出回路，等级为 0.2 级。

图3-5为110kV 曾家冲智能变电站光纤式电流互感器和电子式电压互感器分别与智能组件的连接示意图。图 3-5 中光纤式电流互感器本体与其电气单元盒之间的连接线、光纤式电流互感器电气单元盒与对应智能组件之间的连接线均采用光纤。电子式电压互感器本体与其电气单元盒之间的连线为模拟信号线，而其电气单元盒和对应智能组件之间的连接线采用光纤。计量、测量和保护所用的电压、电流信号通过光纤由智能组件传输到合并单元。

三相光纤式电能表是一款符合 DL/T 614《多功能电能表》标准的 0.2S 级三相光纤式电能表。其主要特点为计量信号为数字流输入、采用光纤接口、高速的数据处理能力、电源采用双路外接电源供电。适用于采用 IEC 61850-9-1/2LE 标准协议的电能计量体系。曾家冲智能变电站在中控室共安装了 2 块智能光纤式电能表，分别计量 110kV 延曾Ⅰ线、延曾Ⅱ线的电能，以便与延龙变电站出线处的电能表（传统电能表）所计电量进行对比。

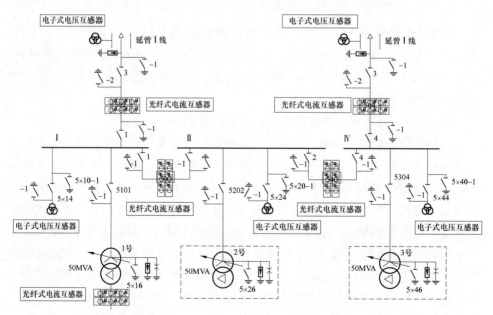

图 3-4　曾家冲智能变电站电子式电压、电流互感器分布图

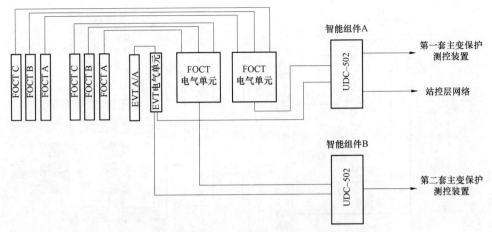

图 3-5　电子式电压、电流互感器光纤连接示意图

（2）110kV 曾家冲智能变电站电能计量模式。曾家冲智能变电站电能计量模式示意图如图 3-6 所示。该站电能计量系统为全数字化模式，从一次设备、二次设备及传输回路传输信号全为数字量。电子式电压互感器、光纤式电流互感器电气单元盒输出的数字信号经光纤分别传输至电压、电流合并单元，合并单元把数字信号传送至网络交换机。网络交换机输出的符合 IEC 61850-9-2LE 通信协议的数字信号经过两路光纤通道分别传送至延曾Ⅰ线、延曾Ⅱ线的三相光纤式电能表，电能采集终端和电能表之间通过 RS 485 进行通信。电能采集终端把采集到的电量信息上传到电能采集系统主站，便于远程操作人员监测电量信息。电子式电压互感器、光纤式电流互感器合并单元需接入工作电源和同步时钟。因该站一次系统为单母分段接线，计量用电压互感器采用母线电压互感器时，应根据一次运行要求，必要时电压二次回路配置电压并列装置，在传统变电站中一般设置专用电压并列屏柜，由小母线引入二次电压通过控制继电器逻辑动作及一次设备的操作实现 TV 并列。在该智能变电站中，母线 TV 电压二次回路并列功能直接由母线电压合并单元实现。

3.1.2.2　220kV 林海智能变电站电能计量系统

（1）电能计量装置配置。长沙 220kV 林海智能变电站电能计量系统分为关口电能计量系统和非关口电能计量系统，其中关口电能计量系统构成和传统变电站电能计量系统的构成相似，而非关口电能计量系统主要由电磁式电压互感器、电磁式电流互感器、带模数转换器的电压及电流合并单元、三相四线制光纤式电能表组成。220kV 林海智能变电站 220kV 侧一次主接线简易示意图如图 3-7 所示，

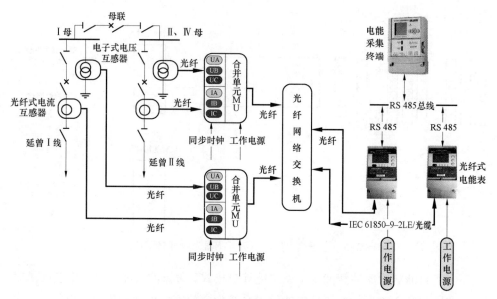

图3-6 曾家冲智能变电站电能计量模式示意图

全站电压互感器、电流互感器均为 GIS 型传统电磁式多绕组互感器（保护、计量、测量绕组分开），计量用电压互感器二次输出为 57.7V 模拟信号，等级为 0.2 级；计量用电流互感器二次输出为 1A 模拟信号，等级为 0.2S 级。现场一次设备区域每个间隔配备了智能汇控柜，由柜内带模数转换装置的合并单元把模拟信号转换成符合 IEC 61850-9-2LE 通信协议的数字信号。变电站主控室内配置了光纤网络交换机、电能计量屏、电能采集屏。全站共 15 块三相四线制光纤式电能表分别计量 220kV 线路电量、110kV 线路电量、1 号及 2 号主变压器中低压侧电量，其中 1 号及 2 号主变压器中低压侧电能表安装在专用计量屏中、220kV 线路电能表安装保护屏中、110kV 线路电能表安装在一次设备区域智能汇控柜中。关口电能表为红相 MK6E 电能表，主副表共 6 块（分别计量 1 号及 2 号主变压器高压侧电量、220kV 林边线电量）。关口电能表和失压计时器安装在省关口电能计量屏内。

（2）220kV 林海智能变电站电能计量模式。图 3-8 为林海智能变电站电能计量模式示意图，主要为关口电能计量模式示意图和非关口电能计量模式示意图。关口电能计量模式与传统变电站相同，母线电压互感器二次输出通过电缆接入智能汇控柜中，并在智能汇控柜中分成两路，一路接入带模数转换的合并单元，并被转换成符合 IEC 61850-9-2LE 通信协议的数字信号为线路电能表提供计量电

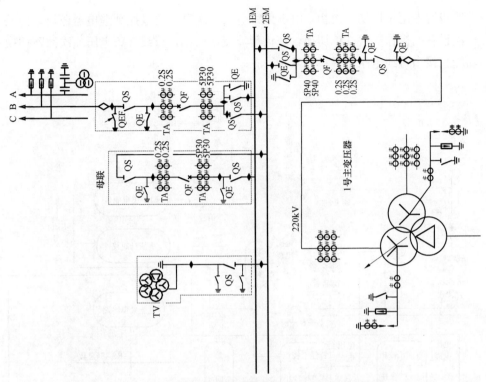

图 3-7　220kV 林海智能变电站部分一次主接线简易图

压信号；另一路直接通过电缆接入控制室内的省关口电能计量屏为 MK6E 电能表提供计量电压信号，也为失压计时仪提供电压信号。省关口计量用电流互感器二次输出信号直接通过电缆传输到控制室内的省关口电能计量屏，为 MK6E 电能表和失压计时仪提供电流信号。MK6E 电能表通过 RS 485 和电能采集终端通信，并由电能采集终端把电量远传至省调计量主站。

　　线路电流互感器二次输出电流信号经过电缆传输至智能汇控柜，由带模数转换的合并单元转换成符合 IEC 61850-9-2LE 通信协议的数字信号。电压互感器合并单元和电流互感器合并单元输出的电压、电流数字信号经过光纤传送至光纤网络交换机，网络交换机输出的数字信号经过光纤通道分别传送至线路侧三相光纤式电能表，电能采集终端和电能表之间通过 RS 485 进行通信。电能采集终端把采集到的电量信息上传到地调电能采集系统主站，便于远程操作人员监测电量信息。因该站一次系统为双母分段接线，计量用电压互感器采用母线电压互感器时，应根据一次运行要求，必要时电压二次回路配置电压切换装置，在传统变电站中一般设置专用电压切换屏柜，由小母线引入二次电压通过控制继电器逻辑动作及一次设备的操作实现 TV 切换。在该智能变电站中，母线 TV 电压二次回路切换功能直接由母线电压合并单元实现。

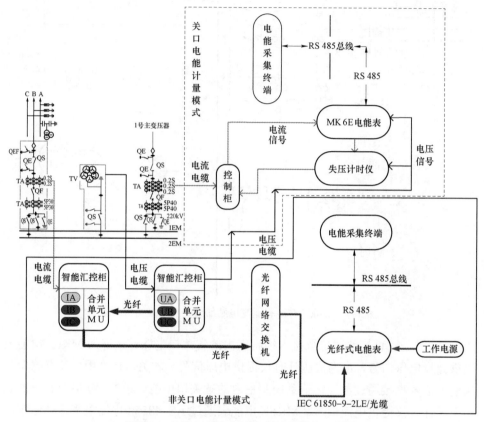

图 3-8　林海智能变电站电能计量模式示意图

3.1.2.3　500kV 鼎功智能变电站电能计量系统

长沙 500kV 鼎功智能变电站电能计量系统分为关口电能计量系统和非关口电能计量系统，其中关口电能计量系统构成和传统变电站电能计量系统的构成相似，而非关口电能计量系统主要由电容式电压互感器、电磁式电流互感器、带模数转换器的电压及电流合并单元、三相四线制光纤式电能表组成。500kV 鼎功智能变电站 500kV 侧、220kV 侧、35kV 侧一次主接线简易示意图如图 3-9～图 3-11 所示，全站电压互感器、电流互感器均为 GIS 型传统电磁式多绕组互感器（保护、计量、测量绕组分开），计量用电压互感器二次输出为 57.7V 模拟信号，等级为

0.2 级；计量用电流互感器二次输出为 1A 模拟信号，等级为 0.2S 级。全站所有涉及互感器的合并单元均为冗余配置。500kV 侧的一个半断路器接线，当采样值采用点对点方式，电能表和电流计算由线路电压互感器合并单元实现；当采样值采用网络方式时，线路和电流计算由电能表实现。

现场一次设备区域每个间隔配备了智能汇控柜，由柜内带模数转换装置的合并单元把模拟信号转换成符合 IEC 61850–9–2LE 通信协议的数字信号。变电站主控室内配置了光纤网络交换机、电能计量屏、电能采集屏。全站配置一套电能量远方终端。220kV 及以上电压等级线路及主变压器三侧电能表独立配置；35kV 电压等级采用保护、测控、计量多合一装置。非关口计量点选用数字式电能表，电能表计直接由过程层 SV 网采样；关口计量点电能表选择及互感器的配置应满足电能计量规程规范要求。电能量远方终端以串口方式采集各电能量计量表计信息，并通过电力调度数据网与电能量主站通信。电能量远方终端支持 DL/T 860。其中 35kV 电压等级采用的保护测控集成装置具有：① 正、反向有功，四象限无功电能，正、反向有功最大需量统计；② 电能及测量量的月冻结、日冻结、瞬时冻结；③ 电能电、光脉冲输出；④ 失压、失流、断相等事件记录等功能。

500kV、220kV 非关口部分的电能计量模式和图 3-8 类似，在这里就不再详细阐述。

3.1.2.4 220kV 攸东新一代智能变电站电能计量系统

智能化计量是新一代智能变电站的重要业务功能之一。在常规变电站或已建成的智能变电站中，计量系统基于 RS 485 总线独立组成通信网络，计量表计，包括结算计量表计和考核计量表计，均为独立装置，存在着网络交叉重复、设备多、占用屏柜多、建设成本高和运维复杂等弊端。为此，新一代智能变电站计量系统的首要设计目标就是实现与其他专业的融合，使计量与保护、测控等共享变电站网络资源，共享数据源，简化计量系统架构；其次，在共享数据源的基础上共享硬件资源，将原来需要由独立计量表计承担的考核计量功能并入测控装置及多合一装置，通过专业融合，压缩站内设备和屏柜数量，降低计量系统的建设成本，并为计量系统的智能化奠定基础。

新一代智能变电站电能计量系统的主要遵循原则：① 贸易结算计量装置应遵循 DL/T 448 标准要求。② 能转化为结算用的考核计量点宜配置数字式计量表计，宜直接采样。③ 考核计量点不单独设置计量表计，其计量功能集成于就地保护测控装置。④ 计量表计宜具有谐波功率的计量功能。宜支持分时区、时段

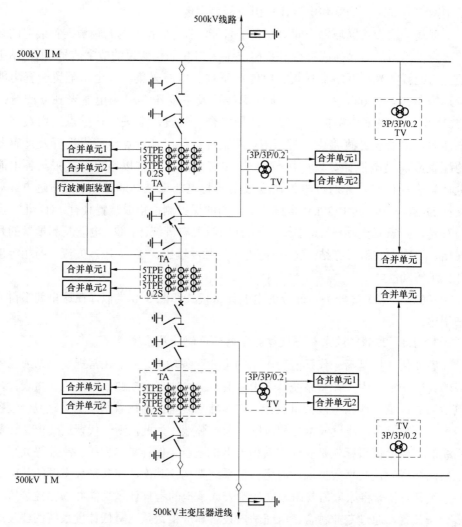

图 3-9 500kV 智能变电站 500kV 侧一次接线示意图

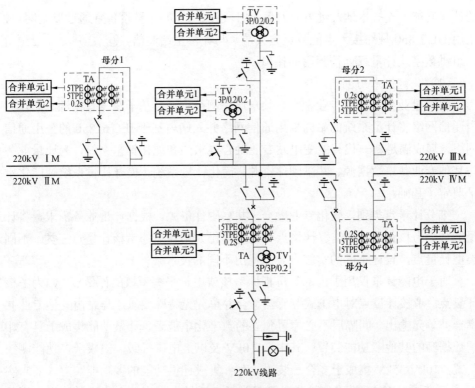

图 3-10 500kV 智能变电站 220kV 侧一次接线示意图

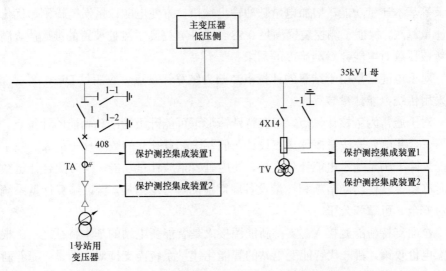

图 3-11 500kV 智能变电站 35kV 侧一次接线示意图

的计量功能，支持本地及远方对时区、时段设定。⑤ 计量设备宜通过以太网口，采用 DL/T 860 规约接入电能量远方终端，与计量主站通信。⑥ 合并单元应预留一组供数字式计量表计校验用的接口。

（1）关键技术与创新。

将计量业务与其他专业融合，共享通信网络资源。基于统一数据源、简化站内通信网络将计量系统的站内专用通信网络并入站内基于 IEC 61850 的公用通信网络，形成满足新一代智能变电站专业融合要求的智能化计量系统，为计量业务与其他专业共享数据源、共享硬件资源、简化计量系统、提升计量系统智能化水平奠定了基础。

细分计量点类别，强化专业融合，共享硬件资源。根据计量业务需求，将计量细分为考核计量点、结算计量点和可能转化为结算点的考核计量点三类。不同类型计量点，设计不同的实施方案，提出不同的技术条件。

对于电能计量仅用于内部经济指标考核或电量平衡考核的计量点，归为考核计量点。考核计量点对电子式互感器、合并单元无特殊要求，与站内其他专业共享合并单元输出。间隔层不必配置独立的数字化电能表，计量功能集成于具有相同数据源的其他多功能装置。其中，110kV 及以上电压等级，集成于多功能测控装置，10kV/35kV 集成于多合一装置。对于集成计量功能的多功能装置，要求实现了正/反向、有/无功电能计量、需量计量、冻结、电表清零、需量清零、事件记录等基本计量功能，增加电量脉冲输出端口，方便电能计量误差检测，优化电能计量算法，保证了测控装置满足 0.5S 级要求，提高了测控装置的准确度，满足了考核计量对电能计量准确度的需求。

对于电能计量用于结算的计量点，归为结算计量点。应满足 DL 448 规程要求采用传统电能计量装置。

对于通常为考核计量点，但在特殊情形下可能升级为结算功能的计量点，互感器、合并单元等按考核计量点设计，但要求配置独立的数字化电能表。数字化电能表除了满足基本电能计量之外，还应具有谐波计量功能，同时配合计量数据定时冻结等软件功能措施和计量设备周期检测等管理措施，保证结算计量系统的绝对安全、可靠和公平。

全面支持新能源接入。支持新能源接入是智能变电站的基本特征之一。根据国家电价政策，新一代智能变电站的智能化计量系统需支持双向计量。随着新能源的广泛应用，许多分布式新能源，如风能、太阳能等已经在用户端得到了充分部署，某些地区实现了分布式电源的并网运行，作为电网与用户直接结算计量接口，需支持分时计量。分时计量是适应峰谷分时电价的需要而提供的一种计量手段。计量系统按预定的尖、峰、谷、平时段的划分，分别计量尖、峰、谷、平时段的用电量，从而对不同时段的用电量采用不同的电价。使用复费率发挥电价的调节作用，促进用电客户调整用电负荷，移峰填谷，合理使用电力资源，充分挖掘发、供、用电设备的潜力。

（2）具体实施方案。

新一代智能变电站的计量系统为智能化电能计量系统，由电子式电压互感器、电子式电流互感器、合并单元和数字化电能表或集成了数字化电能表功能的多功能装置和电能量采集终端组成。计量系统的工作流程为：电子式互感器传感系统电流和电压并以数字信号方式发送至合并单元，经合并单元汇集和处理后，以符合 IEC 61850-9-2 协议格式的网络报文通过点对点或高速以太网报送至配置于间隔层的数字化电能表或集成了数字化电能表功能的多功能装置，经过一系列的数据处理与计算，将电能量数据通过 IEC 61850-8-1 协议格式的网络报文报送至配置于站控层的电能量采集终端，电能量采集终端以 IEC 60870-5-102 协议将电能量转发至计量主站。结算点、考核点、可能转化为结算点的考核点计量系统实施方案。

结算点计量系统配置示意图如图 3-12 所示，电能计量装置原则上设置在供用电设施产权分界处，按照 DL/T 448 要求配置传统电磁互感器+关口电能表。

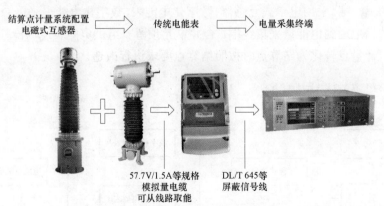

图 3-12　结算点计量系统配置示意图

考核计量点系统配置示意图如图 3-13 所示，考核计量点主要指：供电企业内部用于经济技术指标分析、考核的电量计量点，包括电网经营企业内部用于考核线损、变损、母线平衡电量、台区损耗等的电能计量点；市级之间计量点、县级之间计量点等；设置在电网经营企业或供电企业内部用于经济技术指标考核的各电压等级的变压器侧、输电和配电线路端以及无功补偿设备处。35kV以上：电子式互感器+就地保护测控装置；35kV以下：传统互感器+多合一装置；准确度等级符合 DL/T 448 要求。保护测控集成装置采用 DL/T 860 将电量数据上送到电能量采集终端，保护测控集成装置应具备电能脉冲输出端口，并经过计量技术机构检测。10kV 多合一装置应具备光电脉冲输出端口，便于现场检测。

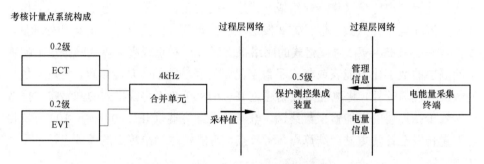

图 3-13　考核计量点系统配置示意图

可能转化为结算点的考核计量点系统配置示意图如图 3-14 所示，此类计量点一般设置在发电企业上网线路、电网经营企业间的联络线和专线供电线路贸易结算点的另一端。采用电子式互感器+数字化电能表，数字化电能表采用 DL/T 860将电量数据上送到电能量采集终端。合并单元预留一组供电能表现场检验光口到计量屏。计量点转化为结算点时按照结算点要求进行改造。

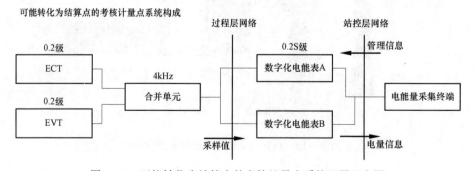

图 3-14　可能转化为结算点的考核计量点系统配置示意图

3.2 智能变电站电能计量模式误差分析

智能变电站三种电能计量模式的误差分析比较如图 3-15 所示。图 3-15（a）为湖南电网传统变电站电能计量误差模式，图 3-15（b）为湖南 110kV 曾家冲变电站和 220kV 攸东新一代智能变电站电能计量误差模式，而湖南 220kV 林海变电站和 500kV 鼎功变电站的电能计量模式主要为图 3-15（a）和图 3-15（c）相结合的混合混杂电能计量模式。

图 3-15（a）为传统电能计量模式误差示意图，其中理论上传统电压互感器、电流互感器、电压互感器二次回路及传统电能表误差均为±0.2%，整个电能计量系统累计起来误差为±0.8%。图 3-15（b）中数字式电压互感器、数字式电流互感器理论误差分别为±0.2%，数字式合并单元、网络交换机和数字电能表理论上误差为 0，此时该种电能计量模式理论上累计总误差为±0.4%。图 3-15（c）为对应于湖南 220kV 林海变和 500kV 鼎功变的智能变电站电能计量模式的误差示意图，电压、电流互感器为传统结构互感器其理论误差均为±0.2%，互感器与带模数转换器的合并单元之间通过短电缆连接，连接短电缆的误差忽略不计，带模数转换器的合并单元的理论误差为±0.1%，光纤传输二次回路、网络交换机和数字电能表理论上误差为 0，所以此种电能计量模式理论上累计总误差为±0.6%。

3.2.1 特点对比

110kV 曾家冲智能变电站和 220kV 攸东新一代智能变电站电能计量系统中的计量装置为全数字化装置体现了全智能概念，具有以下特点：

（1）这两种类型的智能变电站为全数字化计量模式，电能计量装置体积小、占地面积少，与传统变电站电能计量模式相比电能计量二次回路大大简化。

（2）理论上分析该类型智能变电站电能计量系统整体误差为 0.4%（数字化电能表误差很小，可忽略），而传统变电站电能计量系统整体误差为 0.8%。

（3）该类型智能变电站电能计量二次系统安全性强，不用考虑电压互感器二次短路、电流互感器二次开路，并且相关人员在运行维护时安全性较高。

（4）光纤式电流互感器二次输出含有噪声信号，特别是一次电流较小时，其二次输出信号中的噪声信号几乎淹没了真实有用的电流信号，对电能计量的准确性将会造成一定程度影响。光纤易折断、光纤头易受污染造成通信不畅。全数字电能计量设备复杂环境下长期运行的稳定性还有待验证。

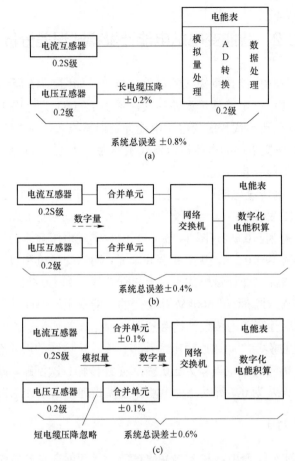

图 3–15　电能计量模式误差对比示意图

（a）传统电能计量模式误差示意图；（b）智能化电能计量模式误差示意图；

（c）数字化电能计量模式误差示意图

（5）新一代智能变电站中依据不同的用途把电能计量系统分为：贸易结算、考核计量、可转化为贸易结算的考核计量 3 种方式，用途不同智能化配置也不同。

220kV 林海变电站和 500kV 鼎功智能变电站电能计量系统的一次设备为户外 GIS 型传统设备，主要使用二次设备把模拟信号转换成数字信号实现保护、测量及计量等专业的智能化，具有以下特点：

（1）该类型智能变电站具有两种计量模式，省关口电能计量系统为传统计量模式，非关口电能计量系统为智能电能计量模式，与传统变电站相比电能计量二次回路有所简化。

（2）此种模式电能计量系统在同一个计量点没有安装传统电能表和光纤式电能表的比对系统，不利于两种计量模式长期运行时的电量比对。

（3）该类型智能变电站的电能计量系统中带有模数转换型的合并单元，此时需要检测整个电能计量二次回路的整体误差，以便分析判断电能计量系统的性能。

3.3 智能变电站电能计量装置运维管理

智能变电站电能计量装置中的电子互感器的状态监测建议由就地或远方运行值班人员负责；故障处理建议由检修和计量专业人员负责。运行人员的主要职责为运行检查。

3.3.1 运行检查

3.3.1.1 投运前检查

新安装（或更换）的互感器投运前应检查：

a）电子式互感器应在铭牌（或随机说明书）规定的技术指标范围内运行。

b）电子式互感器的接地点，具有"零电位"（对单相分压式电压互感器）、数字"逻辑地"（电连接的数字信号）、"保护地"等多重作用，所以产品上标明的接地点螺栓应可靠接地，接地线为明线以便于查验，禁止以底座接地代替接地点接地、虚挂接地以及运行中接地线开路。

c）互感器一次端子板连接可靠（确保面接触），保证在任何季节和检修时其机械负荷（强度）不超出制造厂规定。

d）互感器的二次接线（光缆）应稳定可靠，极性关系正确（通过校验检查）。

e）互感器外绝缘爬电距离及伞群结构应满足安装地点污染等级及防雨闪要求。户内互感器应满足相应的污秽等级及凝露试验要求。

f）互感器安装位置应在变电所过电压保护范围之内，防止直击雷或侵入波造成破坏。

g）电压互感器允许的最高运行电压及额定时间，应遵守国标规定。

3.3.1.2 巡视周期

a）变电所值班人员应定期巡视。新投互感器设备应监视运行48h，之后转入正常巡视，监视期间应根据投运后的情况多次巡查。

b）正常巡视，有人值班电站每周至少一次，包括夜间闭灯巡视，无人值守电站，每月至少一次。

c）高温、高湿、气象异常、高负荷、自然灾害期间和事后，应及时巡视。

3.3.1.3 巡视项目

a）外观是否完好无损，各连接处是否牢靠，电接点是否有发热、变色、跳火，外露接点是否严重锈蚀。

b）与互感器相关的仪表指示（测量值、保护值）是否在正常范围。

c）互感器外绝缘是否清洁，有无裂纹、积灰及放电现象或留有放电痕迹。

d）有无异常振动（交流声过大或异常音响），接地螺栓是否因震动而松脱。

e）有无发自互感器本体的挥发性异味。

f）外露的通信线路连接是否完好无损。

检修人员的主要职责为定期检修。

3.3.2 定期检修

互感器的检修分小修和大修，电子式互感器的电子零部件调整，外表清理，补漆，小金件更换，连接紧固等操作属于小修，可在现场进行。电流、电压互感器的内部传感部件更换或解体维修属于大修，可根据故障情况在大修间或返厂维修。浇注式互感器无大修。

3.3.2.1 检修周期

a）小修 1~3 年一次，结合预防性试验一起进行，可根据电站所在地污染程度、气候、灾变、异常程度、负荷大小确定。

b）大修无固定周期，可根据预防性试验结论及运行情况决定。

c）临时性检修视运行中问题严重程度确定。

3.3.2.2 检修项目

a）外部检查及绝缘清理。

b）检查，紧固一、二次接线。

c）更换损坏金件。

d）对脱漆面补漆。

e）对二次输出值不正常的互感器进行校验和重新调准。

f）对运行或试验中的不正常电子器件、模块、进行维修或更换。

g）对有问题的通信线路进行检修或更换。

计量人员的主要职责为校准核验。

3.3.3 校准试验

电子式互感器如果在运行中测量误差发生变化，可以通过电子调节重新校准，电子式互感器的校准也和电磁式互感器一样，采用比较法，需要标准电压、电流互感器以及数字式互感器校验仪。互感器校验可由计量人员在现场进行操作。

智能变电站中的数字电能表由计量人员进行巡视、更换、检修、周期校验。

4

智能电能表故障预警及舆情应对机制

　　智能电能表推广使用以来，越来越多的电力用户接触到"智能电能表"这个概念，截至 2015 年 6 月份，湖南省电力公司已安装 8 224 407 户智能电能表，由于智能电能表比传统电能表灵敏度高，能够计量被传统电能表"忽略"的微弱电量，部分用户质疑电能表的准确性，导致目前社会中广泛流传智能表"飞走"、"快转"等舆论，某些用户拒装智能电能表甚至阻工，不利于智能电能表的推广，亦对供电企业形象造成了一定影响。同时，湖南地区多山、多冰雪、多雷的地域特点，也给智能电能表的现场运行带来了威胁，增加了现场运行故障率。目前对于智能电能表的故障预警和舆情应对还没有建立有效的机制，仅仅依靠简单记录和统计电能表故障现象和客户意见，并没有对故障原因和客户意见做综合分析和深入挖掘，预警机制不健全，且各个地市供电公司对于故障和舆情处理并未建立成体系的响应策略，存在口径不统一、问题反馈不及时、相关宣传不到位等问题。针对上述问题，国内外鲜有研究文献，因此，开展智能电能表故障预警及舆情应对机制研究，可以提前发现电能表的质量缺陷和威胁其安全、稳定运行的不利因素，预防大面积的质量问题，建立有效的舆情感测和应对机制，可以保证电能表质量信息渠道的畅通和快速反馈，有效避免不利舆情的爆发，为智能电能表的运行和推广提供可靠保障。

4.1　智能电能表的结构与工作原理

4.1.1　基本结构

　　一般来说，电子式电能表基本结构包括电源单元、显示单元、电能测量单元、中央处理单元（单片机）、输出及通信单元 5 个部分，如图 4-1 所示。

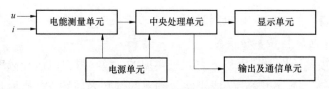

图 4-1　电子式电能表基本结构框图

电能测量单元接收交流 I、U 信号，将其相乘为功率信号；中央处理单元接收功率信号，计算电量，并管理显示单元；显示单元显示电能量及其他信息；电源单元将输入的交流电压整流为 5V、12V 等电压，供给其他电路；输出及通信单元实际上就是接口，有电能脉冲输出接口，供校表用，有数据通信接口，用于与其他设备进行数据交换、抄表、设置表计参数等。

4.1.2　智能电能表的工作原理

智能电能表测量的有功电能是有功功率和时间的乘积，在这点和感应式电能表完全一样，交流中电压 U 和电流 I 在某一段时间 T 内的电能 W 为

$$W=P=UI\cos\varphi \qquad\qquad (4-1)$$

4.1.2.1　测量部分信号采集和变换电路

变换电路一方面使得电压信号和电流信号按照相应比例缩小成乘法器可以接收的电压信号和电流信号；同时可以使乘法器和电网分离，减少电网对乘法器的干扰。

变换电路主要分为：电压变换器和电流变换器，电压变换器用于采集并变换电压信号、电流变换器用于采集并变换电流信号。

4.1.2.2　电压变换器

电压变换器的原理就是利用电压互感器或者分压器将被测电路的电压按照相关比例变换成极小电压信号，然后传递给乘法器。

内部电压互感器可以使乘法器在电气物理上隔离乘法器，减少电网对乘法器的干扰。分压器一般是采用电阻分压、成本较低，但是不能实现乘法器和电网的物理隔离，现在的电阻分压，一般采用三级分压，有不错的调压能力和容易补偿、调试。

4.1.2.3　电流分压器

电流分压器经过两种方式来采集电流，一种是锰铜分流片直接接入式，锰铜分流片被应用在里面，比起电流互感器线性度更好、温度系数更小。另一种是采用电流互感器接入式，互感器接入方式包括直接穿线式和电流互感器接入式，可

以实现电能表内的主回路和电网隔离。

4.1.2.4 电压和频率转换器

电压和频率转换器利用积分方式来实现的，最终得出电压和频率转换器的输出 U_o 的频率 f 与输入电压 U_i 成正比。频率的倒数为周期 T，周期是随着输入电压 U_i 而变化的，当输入电压 U_i 越大时，内部电压和频率转换器电子器件充放电速度越快，周期 T 就越小，脉冲就越密。

4.1.2.5 分频计数器

在智能电能表中，当代表电能的脉冲信号输出时，在脉冲信号进入计数器计数之前，需要先将脉冲信号送到分频器进行分频，从而降低脉冲频率。

脉冲信号 Fx 经过一个整形电路，将波形整成规则的矩形波 a，与此同时，石英振荡器产生一个标准的时钟脉冲，经过分频器后成为时间基准信号 c，将 c 信号送到控制门后，控制门打开，脉冲信号 Fx 通过控制门，通过这个时间基准信号 c 周期 T 内，形成脉冲信号 b，脉冲信号 b 为脉冲信号 Fx 在时间基准信号 c 周期 T 内通过的脉冲数，然后计数器记录。经过计算确定每个脉冲数代表的电能，最后经过译码电路显示到显示器上。

4.2 智能电能表故障分析

智能电能表的安装、使用过程中，受设备质量、运行外部因素、安装工作质量等原因，造成智能电能表出现故障。2014 年 1 月～2015 年 6 月间，湖南省电力公司出现故障的表计有 18 805 只，涉及资金近千万，计量纠纷屡屡发生，投诉率居高不下，因此加强对智能电能表工作原理的了解和对故障分析判断，对于减少计量纠纷和提高智能电能表运行质量十分必要。

4.2.1 黑屏故障分析

智能电能表在实际运行过程中，一旦出现黑屏现象，影响智能电能表计量的准确性。

4.2.1.1 高电压工作情况下的电能表黑屏

智能电能表在工作时，市电电压的提升可能会对变压器以及变压器次级电路造成损坏和影响，在这种情况下，消弥外部条件对表计的损害，就需要压敏电阻 $RT1$ 和热敏电阻 $RT1$ 的配合。如图 4-2 所示，当供电电压升高（＞380V），通过热敏电阻的电流达到一定值时，热敏电阻的阻值会增大，甚至呈现为高阻状态，起到关断供电的作用，保护此回路中后级电路的其他器件，这时，由于次级电路无供电，就会出现电能表黑屏的状况。这种黑屏是表计受到保护的表现，是临时性黑屏，当市电电压回归到正常电压范围时，电能表会重新恢复正常工作状态，黑屏现象解除。

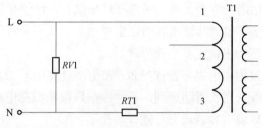

图 4–2　热敏电阻和压敏电阻

4.2.1.2　管理 CPU 故障导致的电能表黑屏

管理芯片是智能电能表的第一核心，相当于一个大型工程的调度员。对它而言，需要完成时间管理、任务管理和事件处理。时间管理是指对电能表需要处理的任务进行有序分解并定制处理的时间节点；任务管理是指按照时间顺序和优先等级进行任务处理；事件处理是对突发事件进行实时响应（如开盖、电网异常、报警等）。而电能表的显示属于管理芯片的任务管理。当管理芯片异常或故障时，就可能导致如下情况发生：

（1）表计死锁、液晶显示黑屏、液晶显示乱码、反复重启和复位、指示灯无故点亮等。

（2）影响智能电能表各种功能的正常实施和运行，无法保证电量计量的准确。

4.2.1.3　晶振未起振或振荡频率异常导致的智能电能表黑屏

晶振作为管理芯片和计量芯片的时钟源，为芯片提供工作的时钟频率，如图 4–3 所示。晶振损坏分 2 种情况：① 晶振无输出，不能进入振荡模式，直接导致管理芯片无法启动工作，从而出现液晶黑屏的现象；② 晶振有输出，能够启振，但是工作频率异常或不稳定，在这种情况管理芯片同样也会工作异常，导致液晶显示黑屏。

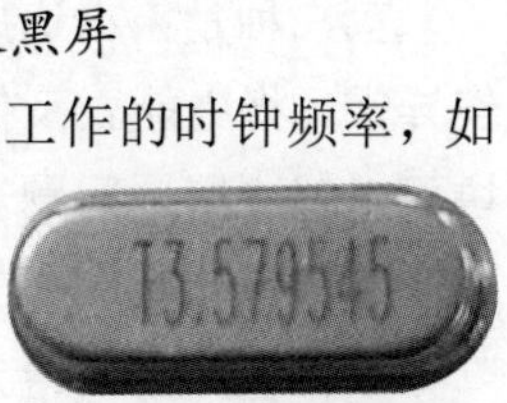

图 4–3　电能表晶振

晶振的异常可能由内因和外因造成，内因可能是晶振产生了硬损坏，是瑕疵品；外因分成三种情况：

第一种是晶振虚焊，晶振焊脚与焊盘无法完全接触，在外部受应力作用下（如振动）导致焊脚脱离，从而无法给管理芯片提供工作频率。

第二种是晶振焊脚氧化，这是晶振在仓储环境下因外部条件恶劣，吸湿受潮所致，器件的金属引脚氧化后，会在表面产生氧化隔膜层，既提高了金属引脚的电阻率，对锡膏的粘附性也会下降，极难与焊锡结合，结果在表计元器件贴片过程中，晶振无法焊接牢靠或其输出脚的电阻率增大，从而导致晶振无输出或输出异常，无法给管理芯片提供正常工作频率。

第三种是生产过程中的工艺管控导致，在生产过程中若工艺管控较差或不到位，电能表的印制板上会残留助焊剂，若助焊剂残留在振荡电路附近，会使该部分电路元件在潮湿环境下容易局部受潮。

残留物的主要成分是 NaCl，一般呈现为白色附着在电路周边，与空气中的水分子发生反应，转换成 Na^+，导致反馈电阻变小，从而造成晶振的振荡幅度减小、振荡稳定时间加长。电能表在运行过程中，一旦振荡激励过小或稳定度较低，不足以驱动芯片时钟，将引起电能表不能正常运行，出现偶发性的不能启动工作现象。

4.2.1.4　雷击导致的智能电能表黑屏

雷击导致的电能表黑屏可分为两种情况：

第一种是雷击对电能表的逻辑电路造成影响，导致电能表损坏。雷击浪涌试验可模拟表计挂网时的雷击情况，当侵入电压在国标要求电压范围内时，对电能表无影响，当电压较高时，达到 8kV 以上电压可穿越隔离（变压器隔离设计电压为 4kV，光耦为 5kV），可损坏逻辑部分器件，导致电能表无显示的情况发生。

第二种是雷击造成载波模块器件被击穿和碳化，在这种情况下，载波模块工作异常，将电能表工作电压拉垮，从而导致电能表显示黑屏，此时，更换载波模块可以解决黑屏问题。

4.2.1.5　液晶故障导致的电能表黑屏

液晶是智能表与用户之间最直接的交互窗口，如图 4-4 所示。它用于显示电能表各种重要信息。液晶根据材料分类：① FSTN 类型的材质，其工作温度范围为–25～+80℃（常温型），适合宽视角显示要求者选用；② HTN 类型的材质，其工作温度范围为–40～+70℃（低温型），适合较寒冷地区使用。

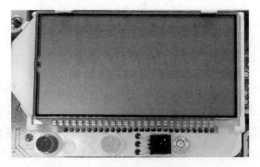

图 4-4　电能表黑屏时的状态

液晶损坏分成两种情况：一种是暂时性无法工作，如超出液晶的工作温度范围（在极高温或极低温情况下），液晶出现缺笔或黑屏的状况；另一种是液晶的硬损坏，直接表现为液晶显示黑屏、重影、黯淡等。

4.2.1.6　变压器损坏导致的电能表黑屏

图 4-5　表内变压器

单相智能电能表所采用的变压器如图 4-5 所示，它是智能电能表电源供给处理单元，通过对市电的降压和分压，将 220V 市电压转换为几路低压交流电分别给智能电能表各个模块供电，如 RS485 通信单元、CPU 处理单元、载波通信单元等。智能电能表内部变压器若出现损坏，一般分为两种情况：第一种是设计指标出现问题，次级的输出远远小于设计指标，就会导致电能表在正常上电情况下无法正常工作（可表现为黑屏状态），需要提高输入电压后才能启动工作；第二种是硬损坏，如焊脚虚焊、插针断裂等，导致次级无输出，使得电能表在上电情况下无法正常工作，表计显示黑屏，这时电能表也无法正确计量。

4.2.2　电池故障分析

电表分时电量和阶梯电量正确计量的关键是电表计时的准确性，错误的时间将会导致费率切换出错，冻结电量转存发生时间错误等影响电表正常计量的问题。影响时钟准确度的原因是时钟芯片出现故障或断电。而影响时钟芯片正常工作的主要原因如下：时钟芯片晶振、温度补偿、时钟电池以及电池回路设计等方面。据不完全统计，所发现的故障电能表中，由于时钟电池欠压导致时钟错乱故障比例达到了 6.5%，故障情况不容忽视。

根据 Q/GDW 1354—2013《国家电网公司信息机房评价规范》4.3.c 要求，智能电表使用锂电池作为时钟的备用电源，并且电池应在电能表寿命周期内无须更换，断电后应维持内部时钟正确工作时间累计不少于 5 年。当电能表电池电压不足时，电能表应能够给予"Err–04"的报警提示.

智能电能表安装运行以来，有部分电能表在现场运行一到两年后陆续出现电池欠压报警现象。电池欠压的故障可能是由电池质量、电池钝化、外围电路漏电、外围器件损伤、软件设计缺陷造成的。

4.2.2.1 电池质量问题

首先，电池本身有一定的不合格率，其主要表现为初始电压不足、漏液以及自放电率大。另外，锂电池均存在一定程度的钝化现象，锂电池电解液亚硫酰氯呈强氧化性，当其与负极金属锂接触时会产生氯化锂，氯化锂质地非常致密，阻止了锂与亚硫酰氯的进一步反应，从而使电池无法提供大电流放电，这种现象被称为钝化。造成该现象的根本原因是温度的升高以及电池长期的闲置，解决此问题比较有效的方法是在电能表上电的情况下定期对电池进行放电或者使电池持续维持小电流的放电。

4.2.2.2 外围电路问题

通常外围电路造成的问题会导致电池在电表掉电的情况下放电电流过大。电能表掉电时，需要由时钟电池供电的模块电路有：工作在低功耗模式下的主控芯片（简称 MCU）/时钟芯片、E2PROM、开盖检测键以及轮显按键。因此当放电电流异常时，应对以上电路进行排查。发生故障的一般原因如下：

（1）电池部分电路在设计的过程中，电源管脚没有远离周边的信号线或者地线，当线路板出现故障时，有缺陷的线路形成回路，电池进行放电，造成电池消耗能量。

（2）元器件在运输过程受到损伤或者在使用过程中遭到击穿，如电容。由于大多数贴片电容是并联在放电电路上起滤波作用的，出现裂痕或被击穿的电容会在一定程度上呈现为阻性，并联在放电回路中的电容呈现阻性会导致放电回路的电阻大大减小，造成放电电流由普通的 $20\mu A$ 左右激增至毫安级，电池能量很快被消耗。

（3）按键电路中接地电阻发生短路，电源与地产生通路导致电量迅速耗尽。

如图 4-6 所示，图中标号为 R94 的电阻呈明显烧黑状，由于该电阻紧邻变压器，温度过高或遭遇浪涌都会信号导致电阻烧毁。另外，个别厂家未对在掉电情况下电能表内耗电元件的功耗进行优化，如开盖检测电路的按键设置为常闭式时，则会增加大约 3～4μA 的放电电流。

4.2.2.3 软件设计缺陷

智能电能表在设计电源时一般采用如图 4-7 所示方式。

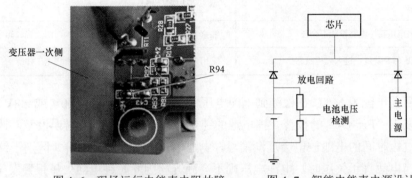

图 4-6　现场运行电能表电阻故障　　　图 4-7　智能电能表电源设计

正常情况下，由电源芯片转换得出的主电源电压大于电池电压，左侧二极管未导通，电能表内部器件由主电源供电，电池通过放电回路进行较小电流放电，单片机接收电池电压检测信号实时检测电池电压。

根据以上智能电能表的电池工作原理可知，电池容量的 98% 以上是在停电时消耗掉的，即由停电时的整机功耗决定。当掉电情况发生时，电能表进入低功耗状态。而停电时的整机功耗与软件处理相关，主要涉及停上电冲击功耗、停电LED 显示时功耗。当以上功耗都正常的情况下，可以考虑是由于 MCU 未进入低功耗状态导致电池电量迅速耗尽。

当电能表处于高温的工作环境中时，变压器身发热会使热敏电阻动作，变压器前端被分走电压，将导致电能表黑屏。此时由于变压器未工作，温度逐渐降低，热敏电阻取消工作状态，电能表恢复上电。当软件中设置的掉电门限不合理或者MCU 在低压工况下反复复位时会导致掉电情况下 MCU 没有进入低功耗状态，从而急剧消耗电池电量。

4.2.2.4 减少电池故障的措施

电池故障处理措施见表 4-1。

表 4–1   电池故障处理措施

导致电池欠压故障的原因	改进措施
电池元件本身特性问题	增加防钝化措施，严格加强电池筛选与库存管理
外围电路设计缺陷导致漏电	加强设计时的工艺防范措施，控制电路整体功耗
电路器件损坏、老化	增加回路中老化元器件的筛选，并进行在线电池监测
软件掉电门限判断不合理，掉电未进入低功耗状态	增加软件进行可靠设计
电池电压转换电路设计不合理	注意单片机端口特性，电路设计正确，防止端口漏电
MCU 频繁复位，进入死机状态	采用多种可靠复位模式，保证单片机稳定工作

目前电能表 MCU 在检测到电池电压低于某一终止电压（3.0V 或 2.8V）时，才会发出"Err–04"的报警。锂电池的钝化有时会导致电能表错误报警，钝化现象经过短时间的电池放电会逐渐消除，电池电压会得到逐渐回升，区别于钝化现象，当电池真正欠压时，电池电压则不会回升。因此时钟电池欠压报警发生时，判断是电池钝化还是欠压十分重要。

4.2.3 智能电能表小电量走字故障分析

现场安装的智能电能表出现小电量走字，其可能性为现场存在某些隐蔽的用电装置导致小电量走字、电能表被某些干扰信号干扰从而导致小电量走字或其他某些原因。

4.2.3.1 某些隐蔽用电导致小电量走字

（1）电能表是否真的处于"空载"状态，日常生活中用户对节能知识缺乏系统了解，对很多用电细节不够关注。比如关闭电视不关闭电源、关闭电脑不关闭显示器等，导致"空载"时有小电量走字。且对一些常用办公及家用电器，做外部电源接入情况下待机功耗的测试，测试数据如表 4–2 所示。

表 4–2   常用办公及家用电器待机功耗

序号	电器名称	设备待机功率 P（W）
1	某品牌投影仪	4.4
2	某品牌传真机	1.9

序号	电器名称	设备待机功率 P（W）
3	某品牌洗衣机	0.8
4	某品牌微波炉	1.6
5	某品牌电磁炉	0.6
6	某品牌热水器	2.2

从表 4-2 实际测量数据可得，所测试的电器在外部电源接入，电器电源开关关闭工况下仍均处于微功耗的状态下。以某品牌微波炉举例，在电源接入，微波炉电源关闭的情况下，根据电能计量公式

$$W=Pt \qquad\qquad (4-2)$$

可以算出每个月产生的电量为：1.152kWh。智能电能表计量的高灵敏度有利于引导用户的节能意识，对于长期不使用的电器应尽量拔掉其电源线，使电器处于真正的关闭状态。

（2）传统的楼道公共用电设备如每层的楼道灯。应急灯、可视对讲门铃等，均采用加装一个公共用电电能表来计量，所产生的电费按月或年平均分到每个住户中，定时由物业管理人员到用户家中收取。但常常出现收取困难的现象，为避免这类现象发生，很多小区开始安装使用公用电均分器来平均分配公用电能。公用电均分器通过复杂的功率计算程序，无须单独装设公共用电电能表，即可将楼道公共设备用电的电量，按功率自动地平均分配到每一个住户的电能表中，由供电局直接收取，从而避免了物业管理人员挨户上门收取电费的繁琐之事，减少物业管理公司与住户之间的矛盾。一种公用电均分器工作原理图如图 4-8 所示。公用电均分器通过多路继电器开关并连接到楼道每个用户的智能电能表的出线端，可根据公共用电的情况，智能切换计费所用的电能表，保证每只电能表所计电量均等。因此，如上所述的楼道灯、应急灯、保安门等公共用电设备的电能会平均分配到每一个用户，使得用户的电能表每天或每周会出现小电量走字的现象，属于正常现象。

4.2.3.2 绝缘引起

有些用户，电线老化、破损，相互绝缘不好，或是家里某个线路通过的地方很潮湿，在这种情况下，可能会出现线路漏电引起电能表的空载小电量走字。家

用电器、电能表组成回路的等效示意图如图 4-9 所示。

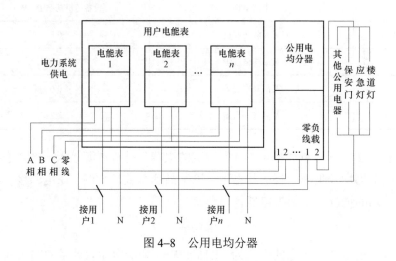

图 4-8　公用电均分器

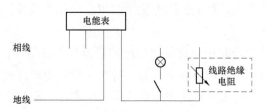

图 4-9　漏电计量等效电路

$$E = \int_{0}^{\mathrm{T}} \frac{u^2(t)}{R} \mathrm{d}t \qquad (4\text{-}3)$$

可以知道，R 为无穷大时 E 没有能量累计；一旦线路绝缘出现问题，即等效电阻 R 不是无穷大，E 就有微弱电量累积，进而反映在电能表上造成空载时小电量走字。此种情况下，应把整个线路或故障部分线路进行更新，避免微弱漏电导致小电量走字，并提高用电的安全性。

4.2.3.3　外部干扰导致

随着社会经济的发展，使用电能作为动力的设备越来越多，特别是各种大功率非阻性设备的投入使用，导致电能表现场运行的环境越来越恶劣，部分地区谐波干扰很严重、部分地区工频磁场干扰严重等，这些干扰可能造成智能电能表空载小电量走字。

（1）工频磁场干扰。如前所述，国内单相智能电能表通常使用锰铜分流器做电流信号传感器，锰铜分流器的连接方式如图 4-10 所示。

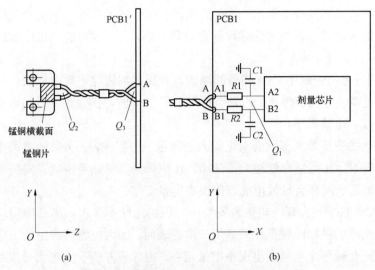

图 4-10 锰铜分流器的设计及连接方式

（a）X 轴方向示意图；（b）Z 轴方向示意图

从图 4-10 可以看出，该连接方式在 X 轴方向形成围合区域 Q_2 和 Q_3，在 Z 轴方向形成围合区域 Q_1。根据法拉第电磁感应定律可知，当 X 轴方向存在交变磁场，围合区域 Q_3、Q_2 及锰铜横截面均会产生感应电动势，当 Z 轴方向存在交变磁场，围合区域 Q_1 会产生感应电动势，从而产生感应电流，在该感应电流的作用下电能表会出现微弱电量。此感应电流的大小取决于交变磁场的大小与围合区域的面积。

变压器漏磁通在锰铜分流器两端感应的电压，可用如下函数表达式描述

$$u=f（S，L_g，I_{rms}，C）\tag{4-4}$$

式中：S 为闭合线圈包围的面积，m^2；L_g 为空气气隙长度；I_{rms} 为变压器线圈电流有效值；C 为锰铜离变压器的距离。

当变压器靠近锰铜时（即 C 变小），感应电压就会变大。当某用户未用电时，由于电能表中的电流采样回路受到自身变压器漏磁或其他工频磁场的影响，电能表中产生的能量根据式可得：

随着时间的增加，即 T 变大，电能 E 逐渐累积，当累积到一定程度时电能表就会产生小电量走字。

（2）干扰来源分析。

1）自身变压器漏磁。智能电能表的电源部分常采用以硅钢片为铁芯的变压器，由于制造工艺及成本原因，这种变压器在工作时不可避免的会产生漏磁。若在设计电能表时变压器与电流采样回路处理不当，会造成电能表出现微弱的电量递增。

2）临近电能表或Ⅱ型采集器的漏磁。变压器漏磁除了对电能表自身有影响外，一旦电能表之间的距离太近，当距离小于2cm时，就会对附近的电能表产生影响，导致小电量走字。

电能表的变压器的漏磁会对电能表的计量产生影响。另外，随着用电信息采集系统的普及，Ⅱ型采集器被大量使用，Ⅱ型采集器紧贴着电能表安装于右侧，Ⅱ型采集器漏磁同样会导致电能表出现小电量走字。

3）现场布线不合理。电能表安装中，现场走线不合理，当其他用户的大电流导线或表箱的进线经过某无负载用户电能表时，因大电流感应出的工频交变磁场会导致无负载用户电能表出现小电量走字。电能表左侧有大电流导线通过，可以看出大电流感应出的工频磁场会导致电能表锰铜采样电路产生感应电流，导致小电量走字。

4.2.4 智能电能表数据突变故障分析

电能表更新换代速度越来越快，功能更全面也更加智能化，电能表的故障也越加多样化。产生故障的原因有很多，人为因素造成器件开裂、破损、错件、漏件等；原材料本身不合格导致电能表故障；包装、搬运、运输等过程中导致的损坏；软硬件不匹配造成的故障等多种因素。

4.2.4.1 智能电能表数据存储方式及特点

目前，智能电能表上用来存储数据的存储介质一般为EEPROM，EEPROM外置于电能表主控芯片（CPU），电能表运行的所有参数均存储在这颗外置的芯片内。CPU与EEPROM之间通常通过I2C总线进行数据传输，I2C总线传输数据具有以下特点：

（1）数据的传输是以位（bit）为最小单位，字节高位（MSB）在前，低位（LSB）在后，无起始位，无奇偶校验，无停止位。

（2）数据输入输出都是使用同一根数据线（SDA）。

（3）时钟信号（SCL）由主控芯片提供。时钟信号（SCL）的频率为200～400kHz（2.5～5.5V），当工作电压小于2.5V时，最快时钟信号频率不大于100kHz，即时钟信号的最高频率与 EEPROM 的工作电压有关。

（4）数据管脚 SDA、时钟管脚 SCL 都是 OC（集电极开路）输出，两个管脚均需加上拉电阻。

I2C 总线传输数据时，对时序波形是有相对严格的要求的，如果数据传输过程中，I2C 总线上的时序不符合要求，就会导致数据传输的错误。由于 I2C 总线器件数据输入输出均是通过同一根数据线 SDA 进行的，数据传输模式是通过控制命令字来实现的，如 1010XXX1 表示读取 EEPROM 数据，101OXXXO 表示向 EEPROM 写入数据。这两个命令字之间只有最后一位数码有差异，其余 7 位数码均是相同的。所以当向 EEPROM 写入控制字时，如果最后一位数码受到外界干扰而发生变化，那么读命令字就变成写命令字，即原本想读取 EEPROM 数据的操作变成了写 EEPROM 的操作，数据就会发生错误。

由于数据管脚 SDA、时钟管脚 SCL 都是 0C（集电极开路）输出。两个管脚均需加上拉电阻，上拉电阻阻值的大小，会影响到 SCL、SDA 脚上的信号波形。

因此可知 SCL 信号线与 SDA 信号线上的上拉电阻阻值的不同，会导致这两个信号线上的波形发生变化。如果这两个上拉电阻的阻值选择的不是很合理的话，会导致 SCL、SDA 管脚上信号波形严重失真，那么会严重影响数据传输的正确性。

4.2.4.2 数据突变产生的原因

通过对 I2C 总线传输数据的特性分析，可以知道以下几个方面可能会导致 CPU 与 EEPROM 进行数据传输出现错误：

（1）在 CPU 与 EEPORM 进行数据传输时，受到外界的干扰，导致控制命令字的最后一位传输出错，读命令变成写命令，对需要读取的数据进行写操作，导致数据紊乱。

（2）SCL、SDA 这两根信号线上的上拉电阻阻值配置不合理，导致数据传输的不稳定，在数据传输过程中，当受到强烈的外部信号干扰时，波形严重失真，导致数据传输紊乱。

（3）由于时钟信号的最高频率与 EEPROM 的工作电压有关，工作电压高，频率高；工作电压低，频率会降低。所以如在程序设计中选择时钟频率偏高，当 EEPROM 电压出现波动时，可能会导致工作电压与频率不匹配，从而导致数据传输出现紊乱；其次，如果在程序设计时，选择的通信频率偏高，在电能表寿命的前期，由于电子元器件均处于生命的健壮期，芯片管脚的驱动能力较强，这时候使用较高的时钟频率是没问题的，但是随着时间的推移，芯片逐渐老化，驱动能力下降，无法再适应原来那么高的频率，也会导致数据传输时出现问题，所以时钟频率的选择也要考虑这个因素，以便留出足够的冗余量。

（4）由于软件设计缺陷，导致 CPU 的 RAM 溢出，RAM 里面的数据会发生不可预知的错误。

4.2.5　智能电能表雷击故障分析

近年来，湖南省电力公司低压用户已基本实现远程抄表全覆盖。由于湖南地区夏季雷暴天气多，特别在农村地区容易发生因雷击而损坏电能表、采集器的情况。

4.2.5.1　智能电能表遭雷击情况

本书统计了 2011 年湖南某供电局几次雷击造成电能表损坏的情况：206 只单相电能表遭雷击损坏（2011.07.14）；192 只单相电能表遭雷击损坏（2011.07.22）；95 只单相电能表遭雷击损坏（2011.08.04）。将 3 只样品表拿到厂家进行检测，据厂家报告，3 只样品 RS 485 通信部分全部损坏，其中 2 只样品电源部分遭雷击损坏。对样品检查，损坏情况如表 4-3 所示。

表 4-3　　　　　　　　　　　　样 品 检 查 结 果

编号	现象	损坏部分
样品 1	无显示	稳压管、通信芯片、显示芯片
样品 2	显示正常	通信芯片（导通）
样品 3	无显示	稳压管、通信芯片

4.2.5.2　智能电能表安装现场情况

对电能表安装情况进行实地勘察，发现现场安装情况多样化，有些地方接地较困难。土壤电阻率较高的，很多地方接地电阻很难达到要求。市场上的电涌保护器都需要在有接地条件的前提下保护后端的设备，而在以上情况下电涌保护器很难发挥作用。

4.2.5.3　雷击入侵路径分析

在对电能表损坏情况分析后，确定引起电能表损坏的主要原因是间接雷击。当间接雷击时，电源线有感应雷击电流通过，就会产生强磁场，感应到附近电线或信号线，并在附近电线或信号线产生二次感应雷电流，得出雷击电流是通过电源线入侵到单相电能表上的结论。

4.2.5.4　电能表遭雷击损坏原因

对通信信号部件易遭雷击损坏的情况进行分析。根据 RS 485 通信标准定义，RS 485 信号线最大电压不超过 12V，通信时实测小于 1V，通信芯片的电压为直流 5V，都属于低压范畴。所以当雷击造成电源电压增加时就极易使通信芯片电压超过极限值，从而烧毁芯片。当雷击瞬态过电压不能及时消除时就会对电能表造成损坏，特别是对电源和通信信号部件。

4.2.6　智能电能表通信故障分析

智能电能表的通信系统主要分为 RS 485 通信和红外通信两部分，故障直接表现为不通信，抄表失败。

4.2.6.1　RS 485 通信故障分析

在使用智能电表的过程中，通信故障是主要故障的一种，在通信故障中，RS 485 通信故障是一种比较常见的故障。出现这种故障之后，一般需要先检查波特率设置有没有出现问题，表地址是否错误，还有就是设置的软件与相应的表内参数是否符合，以及通信的线是否都接触良好。这些都有可能会导致 RS 485 通信出现故障。

4.2.6.2　红外通信故障分析

红外通信故障主要有两种现象：① 当用掌机抄表时，有通信信号但抄表失败，即红外接收正常，这时主要检查红外发射管是否装反、虚焊或损坏，或者查看与之相关的电气元件像 Q2、R80 等相关的元器件是否有问题，还有就是查看MCU 与 R80 之间的线路连接是否出现问题。如果以上都没有出现问题，则可通过更换红外发射管来确定其是否损坏。② 当红外抄表通电时，有通信信号但抄表失败，或者电能表抄表无反应，说明电能表没有接收到红外信号，应先检查红外接收电路，更换红外接收管。要是这些都没有问题，再用示波器测量波形，如果波形正常，可能是红外接收管到 MCU 的部分线路有问题；如果波形不正常，则可能是红外接收管损坏，需要更换。

4.2.7　智能电能表烧表故障分析

在配电网运行过程中经常会出现智能电能表烧表的故障，当出现这一故障时，很多时候必须更换新的电能表，而且每年出现烧表故障的概率还很大，极大影响了智能电能表的安全运行。根据智能电能表烧表故障损坏部位不同，把它分为表尾烧坏故障和表内烧坏故障。

4.2.7.1 表尾烧坏故障

表尾烧表故障占智能电能表烧表故障的60%以上，对电能表的正常使用造成巨大的影响。电能表表尾常见故障有表尾盖烧焦变形、整个表尾烧坏、表尾局部烧焦碳化以及表尾螺丝纹牙拧不动等。造成智能电能表表尾故障主要包括以下几个方面：

（1）部分智能电能表设计和制造上的缺陷。电能表种类繁多，按照用途的不同，电能表分为工业、民用、最大需量表和电子标准表等，按照用电设备的不同，可以将电能表分为单相、三相四线、三相三线电能表，而按照安装接线方式的不同，电能表又包括了直接接入式和间接接入式电能表，电能表分类的方式众多。很多生产厂家在电能表设计和制造的过程中不遵守设计规范，三相直接接入式电能表表尾的端子间距过窄，很多端子间距只有 4mm，相距绝缘也只有 2mm 左右，电能表表尾的碳化很容易造成电能表的短路，进而造成表尾的烧坏。此外，一些电能表生产厂家制造的三相直接接入式电能表表尾端子的紧固螺丝和孔径太小，电能表额定电流的需要不能得到满足，电能表表尾损坏严重。

（2）部分智能电能表安装和使用的不规范。电能表的安装和使用都有严格的规范，电工及安装人员要在安装的过程中遵守各项规范。由于安装和使用不规范而造成的电能表表尾损坏的现象有很多，首先，接入端子导线选择不当、铜接头和铜线没有按要求接入表尾、使用未经过搪锡的软铜线接入端钮以及使用铝质导线来代替铜质导线等都会造成电能表安装不当，影响电能表的正常使用，造成表尾的损坏。其次，电能表表尾端子的螺丝松动、电能表安装在多尘、潮湿、日晒雨淋、有腐蚀气体的场所等，也会造成电能表端子螺丝的氧化，影响电能表的正常使用。此外，电能表运行中负载电流过大，电流超过电能表额定最大电流也会造成电能表表尾故障。

（3）外部运行条件的影响。电能表在运行和使用的过程中，要采取适当的保护措施，避免电能表的过度损坏。负载电流短路或者是电能表所在电网过电压都会造成电能表损坏，而保护措施不当，电能表被雷击也会造成电能表表尾局部或者是全部的碳化和烧坏，造成电能表表尾故障。

4.2.7.2 表内烧坏故障

烧表故障占到了智能电能表故障总数的30%以上，居于故障首位，导致智能电能表无法正常使用，直接报废，因此需要格外关注。智能电能表烧表原因较多，主要有以下几种：表内 R_c 供电电源烧毁；过负荷使用，造成电流取样线路或内置继电器烧坏；接线端子接触不良；表内变压器一次绕组烧坏；将强电接在脉冲输出端子上，烧坏光耦；在安装过程中将继电器输出端子地线端接线错误引起表内短路。对于此类故障的处理关键在于故障的预防，通过智能电能表的严格造型、计量装置配置的改换、装表接电的规范以及用电检查工作的加强来避免烧表故障的产生。

4.2.8 智能电能表继电器故障

智能电能表技术要求中规定：当电能表最大电流不超过 60A 时宜采用内置继电器。目前电能表使用的内置继电器大都采用磁保持继电器。磁保持继电器是指去除励磁量后，仍能以磁力（由硬磁或半硬磁材料产生）保持激励时状态的一种双稳态继电器，为其实施电能计量和用电控制的一种继电器。从目前的使用情况来看，内置继电器在检定、安装、运行和故障维修等出现的问题点主要为以下几方面：

（1）检定时出现的问题。台体在校验电能表时无法加载电流，主要原因是电能表在运输振动过程中引发的继电器触点断开而导致的问题。目前的磁保持继电器受结构特性的影响，在强烈振动下触点接触不太可靠。在继电器开闸状态下，台体无法进行校验电能表的操作，如果采取远程合闸的方式进行软修复处理，将会严重影响校表工作效率，浪费工时。

（2）安装时出现的问题。刚安装到用户端的电能表，发现继电器为断开状态，导致用户无法用电，供电部门现场不能合闸，要重新换上新的电能表来解决投诉问题，导致供电部门的工作很被动。目前的电能表软件上没有上电自动检测的功能，无法在电能表每次上电时发送一次跳合闸的命令，使现场安装人员为继电器开路的问题而浪费宝贵时间。

（3）运行时出现的问题。安装在现场的电能表使用一段时间后断开，这种情况下大负荷的单、三相表比例更高，三相中还会有缺相的可能出现。对于家庭工厂和小企业比较多的地区，超负荷容量使用在家庭工厂和小企业里是家常便饭。安装在表内的继电器触点过载能力有限，触点发热后，导致继电器固定触点的塑料变形、移位，造成触点压力降低，接触电阻变大，发热量继续加大，直到继电器触点烧毁、断开。严重的可能会短路、起火甚至更严重的事故。

（4）远程控制时出现的问题。远程控制继电器，在大负荷运行情况下强行拉闸将损坏继电器触点，增加继电器触点的接触电阻，将导致继电器触点更容易发热并烧坏。由于装在现场的智能电能表运行密钥为供电部门方控制的私钥。一旦出现故障，返回厂家检修则需将 ESAM 芯片更换，厂家才能维修，增加了厂家的生产成本与管理。

智能电能表内置继电器的故障虽然现象较为简单，但危害性十分严重，除直接带来大量服务工作量外，极端情况带来设备及人身安全。而继电器故障的解决是一个系统工程，应从费控方式选型、现场服务力提升、费控可靠性设计、控制策略和继电器质量等多方面着手，综合解决。

（1）选型好费控方式。考虑在不改变技术要求的情况下，因地制宜，最好的办法就是使用开关外置的电能表，同时根据现有电能表的结构设计合适的外置开关，在必要的情况下安装外置开关，达到远程控制的目的，原因及优点如下：

1）很多电能表没必要安装控制回路或短时间根本不可能使用，不安装内置继电器将在一定程度上降低了电能表的制造成本，根据不同的客户类型，可以有选择的给电能表配置外置开关。

2）突出电能表的主要功能——计量功能，简化其他辅助功能，将大幅度提高电能表的可靠性、安全性和使用寿命。

（2）开发现场服务设备。由于继电器的跳闸、合闸在严格的安全认证下进行。目前装在现场的智能电能表，一旦出现内置继电器跳闸，因缺乏有力的现场服务设备支持，必须换表解决。建议远程主站管理系统增加现场维护功能，实现主站和现场相互配合，现场进行合闸与跳闸等本地服务能力。

（3）软硬件可靠性设计。对于长期现场运行的智能电能表，可能出现内置继电器误动作或者执行动作时由于电压、触点等原因造成的不可靠动作。为了有效防止继电器的误动作或不可靠动作，应有防止内置继电器误动作的软硬件设计及继电器不可靠动作的检测机制与补动作机制设计。

（4）继电器控制策略。继电器在大电流下跳、合闸，直接影响继电器的寿命及智能电表运行安全。选择合适的继电器控制策略（如大于一定电流下不跳闸），可大大减少控制时的负荷冲击影响。

（5）继电器质量。继电器质量是继电器可靠运行的基础。继电器触点的接触电阻、触点材料、切换电压、切换电流、最大切换功率、触点机械与电气寿命等设计直接关系到带载与控制能力、长期运行稳定性。继电器的端子连接方式、壳体材料、温度、振动、冲击和绝缘等特性直接关系运输、安装、温度变化等产生的应力影响。

磁保持继电器的可靠性研究是一项需要多方合作并长期开展的课题，如何通过一些关键指标的测试以及短期试验手段提前暴露继电器本身一些隐性的质量问题也需要各方做更深一步的研究。开发大电流、小体质、低功耗和低成本的固态继电器，实现过零控制，应是内置继电器的发展方向。

4.3 智能电能表故障预警措施

随着电网集抄项目改造的完成，智能电能表的故障也越来越多，因为故障而导致智能电能表舆情、纠纷不仅严重影响电力公司优质服务形象，同时破坏电网的稳定性。针对智能电能表生产、检测、安装、运行、故障处理等全寿命过程中建立完善故障预警机制，可以提前发现智能电能表的质量缺陷和威胁其安全、稳定运行的不利因素，预防大面积的质量问题。

4.3.1 智能电能表供货前故障预警

2013 年，国家电网公司首次对智能电能表进行了定义，并编制形成了智能电能表型式规范、安全认证、功能检测系列技术标准共 12 份，在系统范围内规范了电能表术语、定义，统一了电能表的型式、结构，明确电能表的种类及其功能配置要求。而现行的 JJG 596—2012《电子式电能表》检定规程仅对智能电能表基本功能的检测给出了检定方法、依据和评判标准，对于智能电能表性能的全面分析来说还远远不够，并不能完全满足智能电能表相关技术标准提出的大量新的功能和技术要求的检测需求。在这样的环境下，基层检测人员面对智能电能表检测中的新标准、要求，往往由于缺乏一套统一规范的检测方案造成检测过程费时、费力、容易出错，严重影响检测的准确性、及时性，从而为以后智能电能表故障埋下隐患。

依据相关技术规范，智能电能表全性能试验项目主要分为八类，即准确度要求试验、电气要求试验、功能试验、电磁兼容试验、机械试验、通信功能试验、一致性试验、费控试验。

4.3.1.1 准确度要求试验

智能电能表技术标准和以往电子式电能表的技术标准相比较增加了剩余电能量递减准确度的概念，剩余电能量递减准确度试验仅对本地费控智能电能表执行，要求电能表累计用电能量增加数与计算剩余电能量减少数之差应不大于计度器的一个最小分辨率值的计量单位。

4.3.1.2 电气要求试验

主要包括电压、频率变化，谐波影响，自热影响引起的误差以及电压、电流回路功耗等。

4.3.1.3 功能试验

除了要满足 DL/T 614—2007《多功能电能表》所规定的基本功能检查外，根据省内实际工作情况及外省的一些经验，对智能电能表扩展功能进行测试的研究也十分重要，具体如下。

（1）电能计量功能检查。电能计量功能要求智能表可以计量多时段的双向有功、双向无功或四象限无功电能，并储存数据；四象限无功可以任意叠加，脉冲量输出应与它相对应；可以实时测量单、三相电压、电流有效值。

（2）费率、时段功能检查。

1）装置可进行时段切换检查；

2）装置可进行电价方案切换检查（适用于本地费控电能表）；

3）通信接口设参数：载波方式、RS 485 通信接口、CPU 卡和射频卡。

（3）显示功能检查。装置能输入默认显示设置，并通过通信协议读取检查电能表能够显示有功、无功常数，各种费率，电能量，需量及其方向，电量脉冲输出，相应时段显示，需量周期结束及通信、编程、闭锁等工作状态识别符号，有自检功能的报警和出错信息码显示。

（4）事件记录功能检查。智能电能表都有一个专门的储存器储存事件记录，事件记录除了记录编程和清零的事件外，对电能量影响最大的事件要属失压、失流记录，记录的内容主要包括相别、失压（流）次数、失压（流）累计时间、失压（流）开始时间、失压结束（流）时间、失压（流）累计电量等，缺一项就不能正确的对故障工况进行分析。

（5）最大需量功能检查。装置软件可对最大需量存储方式进行检查：对于月冻结三次的电能表，最大需量值应为月最大需量值且存储在第一个结算日，其余结算日应补 FF。

（6）冻结功能检查。装置具备符合国家电网公司相关单、三相智能电能表技术规范以及 Q/GDW 354—2009《智能电能表功能规范》的被检电能表冻结功能检测程序，通过被检电能表的通信接口，自动对被检电能表定时冻结、瞬时冻结、约定冻结、日冻结、整点冻结等功能进行符合性检查。

（7）通信功能检查。检定装置与智能电能表的通信方式采用 RS 485 接口通信方式。通信测试是功能检测的前提，通信问题解决不了，很多功能试验就不能进行，如需量测试、存储器检查、日计时误差、时段投切误差等。

（8）报警功能检查。装置报警功能检查程序具备其他报警事件状态自动实现，如："失压、过载、逆相序、功率反向（双向表除外）、电池欠压"，以对被检电能表的报警功能进行符合性检查。

4.3.1.4 电磁兼容（EMC）试验

是指针对利用电子元器件参与其工作的电能表所进行的电磁兼容性考核。对于智能电能表，主要有以下几种干扰源：静电放电、电快速脉冲群、辐射（射频）电磁场、浪涌、无线电干扰抑制等，因此，在满足一定技术要求的试验场所中，其考核内容大致可分为七个方面：① 对静电放电抗扰度的试验；② 对高频电磁场抗扰度的试验；③ 对电快速瞬变脉冲群的试验；④ 浪涌试验；⑤ 射频场感应的传导骚扰抗扰度试验；⑥ 衰减震荡波抗扰度试验；⑦ 无线电干扰抑制试验。

4.3.1.5 气候影响试验

环境温度对电能表的计量准确度有较大的影响，各标准对不同使用环境的电能表的温度特性提出了要求。湖南地处四季分明的温带地区，冬季寒冷、夏季炎热，特别是湖南部地区是山区，地形崎岖，多雾、多雨，这些都容易对电能表特别是电子式电能表造成侵蚀，而现场的安装环境不能保证所有的表计都能在实验室工作环境下运行，因此对表计的性能提出了很高的要求。

4.3.1.6 费控试验

（1）费控功能验证试验。费控功能的实现分为本地和远程两种方式；本地方式通过 CPU 卡、射频卡等固态介质实现，远程方式通过公网、载波等虚拟介质和远程售电系统实现。

1）远程费控功能试验装置具备发送"请购电""跳闸""允许合闸"命令检查智能电能表远程费控功能；且命令具有发送时间有效性判别功能：装置可对电能表进行命令有效时间的设置，（试验时间为 1min），用广播发送方式发送带时标的命令给电能表，并且有发送时间记录，检查电能表是否小于 1min 有效执行命令，大于 1min 后不执行命令。

2）本地费控功能试验装置能够实现费控功能验证试验，对电能表进行剩余电量和报警、跳闸功能试验。

试验方法：在表内设置倍率、电价、剩余金额、透支门限金额、报警金额后，对电能表进行剩余电量和报警、跳闸试验。其中，剩余电量递减准确度要求为，电能表累计用电能量增加数与计算剩余电能量减少数之差不大于计度器的一个最小分辨率值的计量单位。

（2）安全认证试验。装置按照国家电网公司安全认证检查试验流程实施。能够检查本地费控电能表的"控制、记忆、叠加、返写、辨伪、补遗、受检、安全防护、远程控制"等功能；远程费控电能表的"密钥更新、远程控制"功能。

试验方法：通过固态介质或虚拟介质对电能表进行参数设置、预存电费、信息返写和下发远程控制命令操作时，需通过严格的密码验证或 ESAM 模块等安全认证，以确保数据传输安全可靠。

按照智能电能表的通信类型分，安全认证试验可分为本地费控表安全认证功能检测技术和远程费控表安全认证功能检测技术。

4.3.2　智能电能表到货后故障预警

智能电能表到货后进行供货前样品比对、供货前软件比对、供货前全性能试验后，并由省电力公司物资部门组织实施产品巡视的工作，对严格按照国家电网公司技术标准执行试验。

4.3.3　智能电能表安装施工时故障预警

智能电能表的安装施工质量有着十分重要的意义，不仅可以使智能电能表减少很多故障，实现智能电能表安装时故障预警，同时能使电网系统的可靠性和稳定性得到有效的保障。

不过，就当前湖南电网的实际情况看，智能电能表在安装时，还存在许多的问题，为智能电能表发生故障埋下了隐患，我们从相关方面进行分析，从而采用相关的技术和管理方法，提高智能电能表的安装质量。

4.3.3.1　提高对智能电能表安装质量重要性的认识

在当前的湖南电网集抄改造建设过程中，智能电能表是提高电能管理水平，保障电力系统营销服务质量的基础设备。为了保障智能电能表安装工作的顺利推进，采用科学标准的安装方法，对安装后的智能电能表进行相关数据的调试工作，从而保障智能电能表不受外界因素的影响，避免相关的故障出现，保障智能电能表的稳定运行。智能电能表良好的安装质量有利于智能电能表的稳定运行，有利于电网企业的电力营销服务水平的进一步提高。

4.3.3.2　成立质量管控机构、明确职责范围

为保证智能电能表的安装质量，应该成立智能电能表安装质量管控机构，明确管控机构的职责范围。建立用电信息采集系统建设领导小组，由主要领导担任单位负责人，部门负责人为成员，贯彻相关的政策法规，严格按照相关的工作部

署，推进用电信息采集系统的建设和智能电能表的推广。

4.3.3.3 建立完善智能电能表安装质量管理规范和制度

针对智能电能表安装改造工作的管理制度和规范进行完善，主要从以下几个方面进行：第一，对智能电能表安装工程的工作流程进行规范化、标准化的施工管理，对智能电能表安装相关材料质量的检测、对智能电能表安装调试等方面进行有效的控制管理。第二，通过公司对安装人员的相关业务技能的培训，提高智能电能表的安装人员专业能力和综合素质。

4.3.3.4 推行智能电能表安装标准化作业

实施智能电能表安装改造工作，要推行施工作业标准化，建立完善的智能电能表安装工作流程。做好标准化作业施工，要注意以下几个方面：① 要注意开展智能电能表全方位的宣传工作，让广大电力客户充分认识到智能电能表技术优越性、可靠性、便利性，避免电力用户对营销服务的信任危机。② 做好智能电能表安装的前期工作，为切实保证安装工程的顺利开展，做到"不漏户、不串户、不错户"，采取对每户上门核实的方法收集以台区为单位的用户信息，绘制客服分布图、台区接线图、抄表路线图为施工改造备料选型提供指导。③ 制订好智能电能表安装施工计划安排。制订周密的智能电能表安装计划，通知客户停电时间、停电范围和注意事项，对于特殊用户做到上门通知。④ 安装现场注重文明施工。智能电能表的安装涉及千家万户，施工现场的管理水平是客户感受营销服务的第一线，安装现场必须"标准化作业、高要求工艺"，注重文明服务，标准作业。

4.3.4 智能电能表运行中故障预警

运行中故障预警包括巡检、定期抽检、故障表质量监督。故障表质量监督指对运行中（运行抽检）发现或用户反映的疑似故障电能表进行检测、分析和鉴定，查明故障原因并及时更换发生故障的电能表。定期抽检由地市（县）供电企业营销部（客户服务中心）负责，故障表质量监督由国网计量中心、省公司营销部、省公司物资部门、省电科院计量中心、地市（县）供电企业营销部（客户服务中心）配合完成。

各地市（县）供电企业营销部（客户服务中心）应结合现场抄表、用电检查、轮换抽检等工作巡视检查电能表运行状态，充分利用用电信息采集系统的监控手段，及时发现处理异常问题。

国家电网公司营销部于每年底组织编制下一年度电能表运行抽检计划。省公司营销部根据不同厂家、不同类别电能表运行及分布情况，按照《电能表抽样技术规范》编制上报抽检计划，国家电网公司营销部审核通过后以正式文件统一安排下达。省公司营销部对抽检计划分解后下达给地市（县）供电企业营销部（客户服务中心）具体实施。地市（县）供电企业营销部（客户服务中心）应严格按照抽检计划完成换表与全检验收工作，及时向省公司营销部统计上报抽检结果。

4.3.5　智能电能表故障处理机制

地市（县）供电企业营销部（客户服务中心）应密切跟踪监督电能表运行情况，当发现运行中电能表发生故障或有用户反映出现疑似故障现象时，应立即派人到现场进行处置，并按照故障分类将故障情况录入营销业务应用系统。当故障分类属于电能表质量故障时，营销业务应用系统将自动生成故障检测工单，地市（县）供电企业营销部（客户服务中心）应对故障电能表进行故障诊断和分析；省电科院计量中心负责地市（县）供电企业营销部（客户服务中心）无法查明原因的电能表质量故障的故障诊断和分析，并进行运行中软件比对。省计量中心、地市（县）供电企业营销部（客户服务中心）应根据电能表质量故障的原因、性质、类别，判定相应到货批次电能表的质量，并据此在局部范围或更大范围内采取预警及相应质量控制措施。

电能表发生过负荷烧表、短路烧表等故障抢修时应在 24h 内完成电能表更换。对运行抽检不合格的计费电能表应在 5 个工作日内完成电表更换。计量人员更换电能表后，应在 2 个工作日内传递业务工单通知地市（县）供电企业营销部（客户服务中心），以保证后续电费补退工作时限。省计量中心、地市公司（县）供电企业营销部（客户服务中心）对电能表质量故障原因的分析和鉴定结果应分类别录入省级计量生产调度平台（MDS 系统）和营销业务应用系统。

电能表报废前质量监督包括提交报废申请、报废前技术鉴定、履行报废手续工作，由省计量中心和地市（县）供电企业营销部（客户服务中心）负责。

不合格及寿命终结的电能表拆回后，由地市（县）供电企业营销部（客户服务中心）负责检查封印情况并抄录表底电量示值（照相），至少保留一个抄表周期后，按批次定期向省公司营销部提出报废申请。

省公司营销部依据报废申请组织省计量中心开展电能表报废前技术鉴定。省电科院计量中心对符合报废条件的批次电能表出具鉴定报告，报省公司营销部。省公司营销部审批报废申请，地市（县）供电企业营销部（客户服务中心）将报废电能表提交本单位物资部门，按照公司有关规定处理。报废审批手续和技术鉴定结果应录入营销业务应用系统。

4.4 智能电能表舆情分析

4.4.1 电表被电力公司蓄意加速的舆情分析

2014 年 3 月，一篇题为《电表被加速，电力公司干伤天害理事》的文章在微博和微信朋友圈中流传，文章说：中国 75%的电表都被蓄意加速，也就是"走得快"，偏差最大的要快 28%，文章分析电表"走得快"的原因是一些电力公司私下要求企业在生产电表过程中将电表调快。

自 2005 年以来，国家电网公司不断陷入"电表被加速"的舆论漩涡，2014 年微博中再次传出"中国 75%电表被蓄意加速"的消息，消息来自网名为@轩辕鸿鸣的微博认证网友，他在微博中称，中国电信电力两年违法收费 50 亿元，国家技术监督局对 17 个省生产的 34 种电表抽检发现，75%电表都"走得快"，这条微博引起三万多次转发，五千多条评论，随后又受到@蛮子文摘、@环球人物杂志等媒体的关注，负面舆情进一步升级。

智能电能表在电表企业生产过程中，有着多道工序，严格控制精度，不存在人为可以干扰的环节。

在企业生产过程中会有"一检"也叫"一校"，所谓校表就是调整电表计量的准确度，记者注意到这家企业校表的过程全都采用的是自动化。

校完之后走字稳定一段时间，还要重新对每一个表都要重新检验，就是二检。二检目标是误差往零调，全自动的，没有人为干预。

而出厂前，对每一批电表进行抽检则是企业所说的第三道关。这三道必须要全部合格，才能判定这个表是合格的。

虽说对电表精度的把控，生产企业表示有严格的措施，但毕竟都是企业的自检行为，有没有可能像网上传言的那样，企业迫于采购方——电力公司的要求，不得不将电表调快呢？

这种说法实际上无法操作：① 计量产品是要法定计量的，必须要符合相关的法律法规；② 相关技术监督部门会不定期到企业来飞检，所谓的飞检就是事先不通知，直接从流水线或者包装末端，成品库里面的表抽检，如果一旦发现不合格，对于企业来说就是一个灭顶之灾，所以企业不可能为客户去做这种事情。

据了解，目前全国有近 100 家电表企业中标，每年为国家电网公司提供几百万只电能表，这近 100 家企业都通过了国家质监部门考核，具备计量器具生产资质。而事实上在对电表的质量把控上除了企业内部必须的三道关外，质监部门在外部监管上也还有三道关。

按照国家规定，电表属于贸易结算的计量器具，必须经过强制检定以后，才能投入使用。所谓电表的强制检定，就是依照国家计量法的规定，每一只电表出厂后都必须交由质监指定的第三方检测机构进行检定。而这种专门检定机构是需要当地质量技术监督部门授权。

据介绍，质监部门采取了生产过程中抽检、出厂后强制检定这两道措施之后，在入户安装之前还有第三道关：抽查 10%。即使前面一道关漏掉了，后面两道关也是过不去的。

通过发现，一只电表从生产到安装入户，前后要经历六道关口进行质量把控，其中任何一道关口过不了都不可能安装入户。而国家质量监督检验检疫总局公布的，近年来对全国单相电能表产品质量抽查结果显示，合格率都在百分之九十以上。因此网上流传了近十年的有关电表被蓄意加速的说法毫无依据，是彻头彻尾的谣言。

4.4.2 电能表本身损耗嫁接给电力用户舆情分析

同时网上也流传着电力部门安装的智能电表本身的耗电量，都被转嫁给了用户这样的说法，造成老百姓对电力公司的误解。

关于智能电表自身消耗的电能，从电表最初的设计和原理上就考虑了这个问题，电表自身供电是靠一个变压器来供电的，而居民家里用电要经过计量芯片，才会累计产生电能，变压器并联在计量芯片之前，变压器自身消耗电流是不会计入用户电量的。

4.4.3 电力公司控制电压使得电表加速舆情分析

也有这样的说法在流传，民用电压基本在 220～237V 范围内波动，只要电力公司稍稍控制一下电压，电压的升高也会使电表转速加快。

电力公司的检测项目中有采用电压改变从而来测试电压的升高或降低是否会使电表计量加速，目前民用供电电压一般在 220V 左右，按照测试规范操作，将电压升高 10%，达到 242V，观察电表计量的准确性。通过试验发现误差没有多大改变。

4.4.4 大电流时电表被加速舆情分析

部分谣言表示，电力部门给用户安装的电表的额定电流大多为 5A，相当于用一个 1200W 的热水壶烧水时所达到的电流值，一旦家里电器再多一些，电流使用情况超过 5A 这个额定值，电表就会以正常值几倍的速度飞快旋转。

按照 JJG 596—2012《电子式电能表》检定规程规定，单相 2.0 级电能表检测误差必须在±2%以内才算合格，通过实验，当电流从 5A 加到 30A，可以看出误差基本上都保持在零点零几的状态，误差基本上是没有变化的。继续把电流调到最大 60A，电表的误差也是在万分位，从而可以说明网友说的电流如果超出额定电流，电表就会飞走的情况基本上是不会出现的。

4.5 智能电能表舆情应对机制

为做好智能表舆情应急处置工作，特别是网络舆情的处置工作，最大限度地避免、减少和消除因舆情造成的各种负面影响，营造良好的电力生产环境，根据智能电能表故障特性及舆情特点进行分析。

4.5.1 智能电能表舆情应对的工作原则

（1）准确把握、快速反应。智能电能表舆情事件发生后，力争在第一时间发布准确、权威信息，稳定公众情绪，最大限度地避免或减少公众猜测和新闻媒体的不准确报道，掌握新闻舆论的主动权。

（2）加强引导、注重效果。提高正确引导舆论的意识和工作水平，有利于维护电力用户的切身利益，有利于社会稳定和人心安定，有利于事件的妥善处置。

（3）讲究方法、提高效能。坚持智能电能表网络舆情突发事件处置与新闻发布同时布置、同时落实，确保以最短的时间、最快的速度，发布最新消息，正确引导舆论。

（4）严格制度、明确职责。完善媒体新闻发布制度，加强和新闻媒体的协调和归口管理，健全制度，明确责任，严明纪律，严格奖惩。

4.5.2 智能电能表舆情应对的工作机制

（1）建立舆情监控信息员队伍。各地市局电力公司单位要确定一名政治素质好、责任心强、反映机敏、熟悉业务的计量人员担任舆情监控信息员，对涉及智能电能表舆情的监控和引导，加强网上舆情监测和应对。重点加强对重点论坛的监控，及时了解本市、本地舆情发展动向。

（2）建立快速报告机制。各地市电力局单位舆情监控信息员发现有关智能电能表舆情信息后或处理现场问题中遇到可能会发生智能表舆情的情况要立即向主管领导汇报，提出处置意见，并在 6h 内电力公司领导小组报告，经批准后，根据舆情进展情况适时采取应对措施。

（3）建立舆情研判机制。各地市局舆情监测员要通过跟踪分析，把握网上舆论发展走向，分析判断突发及重大舆情的程度，提出合理化建议。

（4）建立快速查核机制。对网络上传播的情况，需要调查的，要迅速组织力量开展调查，与网络抢时间，并注重周密谋划，妥善处置、严控因处置不当造成不良后果。

（5）建立信息发布机制。加大在各新闻网站、电视媒体及报纸上的宣传。如发生舆情事件，省公司迅速拟定新闻发布内容的初稿，审批后，按科学技术指导，选择合适的时机发布，让正面信息先声夺人，为网民提供权威声音，营造有利舆论。按照"及时、准确、公开、透明"的原则，不论是舆情初步形成，还是网络舆论已成热点，都主动澄清事实真相科学道理，争取网民理解支持。

（6）建立舆论引导、疏导机制。抢占网络"沙发"，主导智能表舆论发展，坚持疏堵结合、以疏为主，在网上及时跟帖、发帖甚至"灌水"，运用网民易于接受的方式和语言引导网上热点，努力掌握网上舆论的话语权；必要时邀请相关电力专家、行业新闻记者撰写评论文章，进行专家解答，以权威的、科学的信息赢取网民的信任。

4.5.3　提高电力公司舆情应对能力的措施

网络改变了我国社会舆论的生态环境，形成了崭新的网络舆论场，在新的舆论格局中具有不可替代的重要地位，对央企尤其涉及国计民生的电网企业的管理方式正产生着一系列冲击和深刻影响。作为电网企业，研究熟悉网络舆情，重视智能电能表网络舆情处理，学会运用网络引导舆情是新形势下的基本要求。

（1）加强宣传和培训，增强电力营销员工对网络智能表舆情的政治敏锐性，自觉培养适应网络舆论监督下开展工作的能力。

日益开放透明的舆论环境要求各央企公司不仅面对舆论压力要有承受能力，更要提升应对水平；不仅要使电力信息公开成为常态，更要学会主动研判网络舆情。要在电力员工培训中加入应对舆情的课程，特别是根据新媒体的特点，定期开展舆情培训，创新舆情管理能力培养的方式方法。通过专门培训，提高电力员工与媒体打交道的能力、运用互联网的能力、舆论引导的能力，提高网络舆情的敏锐性，确保电力企业在应对舆情中掌握话语权、占得主动权。

（2）加强电力企业与主流网络媒体的合作，加强对网络舆情的正确引导。

我国现有的传统主流媒体，都是党和政府的新闻舆论宣传机构，在受众中享有较高的信誉和权威。应把这种信誉和权威延伸到网络，依托主流核心网站。电力企业要加强和主流媒体的合作，要努力加强正面舆论引导，用正面的电力声音占领网络阵地，用正确舆论引导广大网民，要充分发挥网络媒体传播迅速、网民参与面广、互动性强、容易形成热点等优势，实现舆论引导效果最大化。

（3）以提高电网企业优质服务水平为目标，构建电网企业网络服务新体系。

网络在反映电力用户心声、表达电力用户诉求方面有独特优势。运用得当的话，可以成为电力企业发现优质服务问题的"显微镜""晴雨表"。要认真对待网上舆论热点，建立网民与电力企业直接对话的网络平台，进一步拓宽信息沟通渠道，认真听取电力客户的好意见、好想法、好思路，通过论坛、聊天室、电子信箱、博客等形式与客户交流，从而引导电力用户和社会舆论。真正做到让电力用户满意、使电力工作受益，以实际行动解客户之忧、取信于客户，改善电力企业形象，提高电力企业优质网络服务水平。

5

电能计量箱质量评价体系及监督管控

长期以来，线损率过高是电网经济运行的一大难题。除了电网本身运行状况外，部分电力用户的非法窃电也是线损的重要因素。根据用电监察部门的统计资料，目前国内的非法窃电行为，大部分是通过开启计量箱门或破坏计量箱结构以篡改计量装置接线实施的。因此，作为电能计量系统的"第一道防线"，电能计量箱的安全性和可靠性直接影响电能计量系统的安全、有效运行。目前针对电能计量箱缺乏有效的质量管控手段，性能评估体系不健全，关于其型式、性能和试验有关标准和技术规范并不完善，相关专业检测设备亦不齐全，对电能计量箱的检测主要依靠人工手段，工作效率低，且容易误检，不能有效实施对计量箱的全性能试验和抽样验收试验，为电能计量箱的使用带来了质量隐患。同时，电能计量箱安装现场环境条件严酷，其性能受到日照、雨淋、冰雪灾害、人为破坏等外界因素的影响而降低，但目前缺乏相关机制对运行中的电能计量箱性能进行有效监控和评估，相关研究亦少，导致往往事故发生后才发现计量箱性能已极大恶化，造成了电力客户和电力企业的损失。

5.1 电能计量箱运行现状及质量分析

5.1.1 湖南省电能计量箱运行现状分析

目前，湖南省智能电能计量箱城网覆盖率 100%，农网覆盖率已超过 40%，与智能电能计量箱配套使用的电能计量箱亦逐步更新换代。自 2014 年初开始，国网湖南省电力公司的电能计量箱存在规格不一致、结构不统一、质量参差不齐、质量监督管控力度不够、箱内低压开关运行故障率高等问题，部分产品不符合 Q/GDW 11008—2013《低压计量箱技术规范》的要求。国网湖南省电力公司电能计量箱 2014 年第一批统一招共有 101 家供应商参与入网检测，试验合格率仅为 37.8%，检测过程中亦暴露出较大质量问题，主要包括以下几方面：

（1）电能计量箱型式不统一，外观尺寸差异大，部分产品防窃电性能差，且不满足"三室隔离"、安全接地等要求，结构设计不便于安装、使用和维护。

（2）电能计量箱材质不符合要求：PC 材质计量箱掺杂其他材质，使得计量箱不透明，影响长期使用效果，部分产品使用的材质较薄，机械强度差，第一批入网检测机械强度试验合格率仅为 45.3%；不锈钢材质计量箱未采用 304 不锈钢材料，使得计量箱在现场安装后不久出现锈蚀，使用寿命不长，第一批入网检测不锈钢材质检测合格率仅为 77.8%；SMC 材质计量箱部分结构采用玻璃或塑料材料，致使计量箱机械强度差、易损坏，第一批入网检测机械强度试验合格率仅为 58.3%。

（3）部分产品不具备耐热阻燃性能，在现场中出现多起因电能计量箱或低压开关高温烧毁导致整个电能计量箱起燃烧毁的事故，严重威胁了用户的用电安全。

（4）部分供应商电能计量箱封印质量较差，封印线易被拉出，且内部未采用金属锁扣，易被开启和破坏，防窃电能力差。

（5）箱内低压开关壳体材质较薄，机械结构强度不高，拼装结构的壳体接缝较大，进行静电放电抗扰度试验、电快速脉冲群抗扰度试验时误动作、死机或破坏，容易误动作，额定分断电流不够，致使开关在使用过程中容易烧毁，低压计量装置故障中开关故障率高达 52.8%。

5.1.2 电能计量箱典型故障及处理措施研究

本书统计了目前全省电能计量箱的主要质量故障和隐患，对故障类型和原因进行了分析和归类，主要故障类型、故障分析和处理措施如下：

（1）计量箱结构设计不合理，导致一次电流分流和电能计量失准。

故障描述：某供电公司计量所在对某专线专用变压器客户计量装置例行的轮校工作中，发现其 10kV 高压计量箱二次相量图不正常。经测量发现其二次接线和电能计量箱均正常，用 2 台三相电能计量箱现场校验仪在高压计量箱二次侧和变压器低压出口处同时测量功率，高压计量箱二次测量功率乘以倍率后远小于变压器低压出口测量功率。

故障分析：对该高压计量箱进行了开箱吊心检查，发现高压计量箱 U 相高压螺杆与 U 相电流互感器的连接螺帽松动，紧固该螺帽后计量箱一切正常。从高压计量箱二次相量图和配电变压器一、二次侧功率对比来看，可以得出一次电流被分流的结论。但固定螺帽松动却不可能直接导致一次电流被分流。进一步推理，认为该高压计量箱的 U 相还存在一个故障点。拆开该高压计量箱的 U 相瓷套管仔细查找，发现 U 相一次进线导电杆与出线螺母紧密接触，一次进线导电杆黄腊管绝缘层已遭损坏，之间形成了一次电流被分流的回路，使一次电流没有经过电流互感器一次侧，从而导致计量误差。该高压计量箱的一次导电螺杆没有设计防转动的固定销，且进出线之间的间距过小。当安装紧固一次线时，可能因操作不当而松动内部的连接螺帽，连接螺帽松动后，使该点接触电阻增大，从而使一次进线和出线之间产生一个电压差（正常状态时一次进线和出线之间为等电位，故二者之间的绝缘等级要求不高），绝缘薄弱点将被击穿，极易出现一次电流被分流的故障，从而导致计量失准及电能量损失。

处理措施：由此建议生产厂家调整设计，并在出厂时检查各连接螺帽是否紧固到位。供电企业应加强高压计量箱的现场测试工作，在选型选厂时严格把关。

（2）计量箱防雷接地装置配置不当，导致雷雨天气计量箱严重烧毁。

故障描述：某供电公司某些台区在雷雨天气常发生互感器、电能计量箱及采集终端烧毁的事故，情况严重的甚至整个计量箱烧毁。

故障分析：经现场检查发现发生烧毁事故的台区防雷接地设计均不符合规范，其中部分台区计量箱未加装避雷器或避雷器已老化失效，同时有部分台区计量箱金属外壳并未通过接地排与杆塔接地处可靠连接，当有雷电波入侵时避雷器不能及时动作起到保护作用，亦不能通过有效接地将雷电流引入大地，从而使得计量箱及其内部装置承受较大的雷电波能量而烧毁。

处理措施：电能计量箱内部应装设符合要求的避雷器，且计量箱金属外壳应通过扁铁或铜排与杆塔接地处可靠连接。

（3）计量箱材料耐热阻燃性能不佳，运行过热引发火灾。

故障描述：某供电公司安装在某居民用户的非金属电能计量箱突然发生剧烈燃烧，险些引燃居民住宅，燃烧后计量箱及其内部电能计量箱几乎完全烧毁，从而引起该用户对供电公司提出严重投诉。

故障分析：将燃烧后的计量箱残缺部分进行耐热和阻燃试验，发现该材质并不具有耐热和阻燃性质，当温度达到一定程度时将发生剧烈燃烧，不符合非金属计量箱耐热和阻燃特性的要求。

处理措施：禁止采用不具有耐热和阻燃性质的材质作为非金属计量箱的箱体材质，同时应在计量箱入网试验和抽样验收中加强对计量箱耐热和阻燃性质的检测，以保证计量箱在高温下的稳定性和安全性。

（4）计量箱内低压开关误动作和烧毁故障。

故障描述：某供电公司部分台区经常发生低压开关误动作和烧毁的故障，更换新的低压开关后仍反复发生该故障现象。

故障分析：经现场排查发现，发生上述故障的台区线路老化严重，存在漏电的现象，部分台区漏电流甚至达到 40mA，超过了漏电保护器动作电流，从而引起误动作，台区计量箱内部布线混乱，电磁干扰严重，容易对低压开关产生干扰从而导致误动作。部分台区低压开关接线端子未拧紧，使得导线与低压开关端子接触电阻过大，引起严重发热而烧毁开关。

处理措施：更换老化线路，将台区漏电流降到合理值，规范计量箱内部接线，减小线路回路，避免对低压开关产生干扰，采用接线鼻或接插件等部件将导线与低压开关可靠连接，减小接触电阻，避免严重发热。

5.2 电能计量箱质量评价

5.2.1 电能计量箱关键技术要点

为科学、合理地制定电能计量箱质量评价体系，本书对电能计量箱主要技术指标进行了剖析，分析了影响其质量的关键技术要点。按计量箱材质区分主要包括 PC+ABS 材质非金属计量箱、SMC 材质非金属计量箱、不锈钢材质金属计量箱。

5.2.1.1 PC+ABS 材质非金属计量箱技术要点

（1）基本要求。

计量箱箱盖为全透明整体式，采用中分子聚碳酸酯材料注塑成型，具有阻燃、抗老化、抗紫外线、抗冲击、耐腐蚀、透明度高等性能。

计量箱箱体底座为分区整体式，部分采用聚碳酸酯材料或阻燃 ABS 树脂材料注塑成型，具有阻燃、抗老化、耐腐蚀、抗冲击等性能。

计量箱箱体材料选用应从环保和长寿命角度出发，适应不同的安装环境。材料应能通过 GB 7251.3《低压成套开关设备和控制设备 第 3 部分：对非专业人员进入场地的低压成套开关设备和控制设备 配电板的特殊要求》中关于材料试验的要求（验证冲击强度、验证绝缘材料的耐热能力、验证绝缘材料对内部电作用引起的非正常发热和着火危险的耐受能力），采用高强度、阻燃、耐老化的绝缘材料制作，具备防雨水渗入功能。

（2）计量箱内部设备配置。

计量箱内应有足够的空间，根据计量箱分类用途，满足安装电能表或采集终端、进线端子接线、进线开关隔离、出线断路器隔离、试验接线盒等要求。

三相带互感器式计量箱，箱内配 225A 带分励脱扣、分断能力 55kA 以上的塑壳断路器，与智能电能表配套使用；箱内应配置互感器安装支架，安装计量专用接线盒，配置互感器到计量专用接线盒及专用接线盒到电能表的二次单芯铜线（电压线 2.5mm²、电流线 4mm²，A、B、C、N 对应黄绿红黑分色布线）。

（3）计量箱结构。

计量箱采用上箱盖、下底座结构，整体关合严密，外形美观。

计量箱体的上盖和底座采用多点内隐式扣槽卡口结合的分体结构或采用门铰链的整体结构。采用多点内隐式扣槽卡口结构的，计量箱的长边应不少于三组扣槽，并具备防撬功能；采用门铰链结构的应为左侧内镶门铰链，门轴采用防锈蚀金属材料，能够开合自如，并具备防撬功能。

箱体要求有对流式通风孔，通风孔应采用栅格结构，并具备防雨水功能。

计量箱采用悬挂式或嵌入式安装方式，同时满足户外墙体安装和杆上安装条件，满足不同进、出线方位的要求，具备封闭性、防水性。

计量箱应采用"三室分离"结构，即进线室、出线室、计量室应严格独立分离。

计量箱内部电能表的安装方式应采用三点挂装式。

（4）计量箱外观与标识。

计量箱的外观平整，透明性好，表面无熔接痕、无明显气泡；从不同方位可清晰观察箱内各电气元件的接线。

计量箱正面应按要求附贴国家电网公司标识和防触电警示标识。

（5）计量箱使用寿命应大于 10 年。

（6）技术参数标准。

绝缘强度：全透明计量箱 1min 对地承受工频耐压 2000V，不应发生飞弧、闪电击穿现象。

温度影响：计量箱在外界 50℃、内部 75℃和长期阳光照射，以及高温（60±5）℃ 4h，低温：（-30±3）℃ 4h 的条件下，不变形，不开裂，且保持透明性。

抗静压性能：100kg 重物（面积 10×10cm²）置于计量箱任意位置，三分钟后计量箱不开裂、不破损。同时观察耐静力挤压：200kg 重物施加于平放的电计量箱上，一分钟后计量箱无裂纹、剥落、破损现象。

抗冲击：计量箱在固定螺丝旋紧的条件下（无包装），由 2m 高度自由落体至地面，箱体应保持完好。耐冲击：将 7kg 重的沙袋，从 1m 高度自由落下反复 5 次，计量箱部位无裂纹、破落等现象。

阻燃耐热性能：具有 V—2 等级的阻燃性能。

抗腐蚀性能：具有抗腐蚀性能，在 0.5%盐酸溶液中泡 4h 或把浓度 3%的酸碱溶液 1 毫升滴在箱体表面 1h，无明显被腐蚀现象。

（7）电气回路标准。

额定电压：主回路的额定电压交流 220V/400V；辅助单元控制、信号额定电压交流 220V。

绝缘性能：额定绝缘电压 660V。

主回路 1min 工频耐受电压（有效值）：主回路对地、主回路相间均为 2500V。

二次回路 1min 工频耐受电压（有效值）：2000V。

额定频率：50Hz。

分线接线端子、出线断路器必须符合 GB 10963.1 和 IE C60898 系列标准的要求，并为国内知名品牌。单相表箱和三相单表位表箱出线漏电断路器满足以下主要技术参数：额定分断能力 6kA；机械寿命 20 000 次；电气寿命 4000 次，三相带互感器表箱出线断路器满足以下主要技术参数：额定分断能力 55kA；机械寿命 7000 次；电气寿命 2000 次，带分励脱扣；应提供以上指标国家权威部门检测报告。

（8）计量箱厚度标准。

箱盖成型材料厚度：单表位整体箱≥2.2mm；四表位及以上整体箱≥3.0mm。

箱底成型材料厚度：单表位整体箱≥3.0mm；四表位及以上整体箱底成型材料厚度≥4.0mm。

各部位标称尺寸偏差不大于±0.1mm。

（9）售后服务。

由供货方送货到购货方指定地点，经双方清点计量箱的数量和确认有无损坏。因包装、运输等引起的问题由供货方负责。

供货方须提供计量箱主要部件（包括进线端子排、出线开关等）的型号、规格、加工工艺、技术指标等有关技术要求的详细书面说明材料，各元器件必须为国内一流品牌，其说明书中应明确说明其技术指标。进口材料要求附相关证明材料复印件。

产品到货后，使用方按照 GB/T 2828.1—2003《计数抽样检验程序》规定，进行抽样检验，最低抽检量不低于总供货量的 2%。

合同产品出现故障一周内供货方应上门维修服务。

供货方保证合同产品 3 年内免费维修。如属产品质量问题，由供货方免费提供维修或更换。

5.2.1.2 SMC 材质非金属计量箱技术要点

（1）环境条件。

海拔高度 3000m。

环境温度：户外–30℃～40℃。

相对湿度：≤95%（25℃）。

抗震能力：地震烈度按 8 度设防。

最大日温差：25K。

日照强度（风速 0.5m/s）：0.1W/cm²。

（2）箱体材料选用。

表箱箱体材料应选用 SMC 材料，阻燃级别 V0 级。

表箱观察窗应选用 4mm 厚 PC 材料，阻燃级别 V0 级。

表箱材料应能通过 GB 7251.3 中关于材料试验的要求（验证冲击强度、验证绝缘材料的耐热能力、验证绝缘材料对内部电作用引起的非正常发热和着火危险的耐受能力），材料性能应满足相应的环境要求。

（3）计量表箱结构。

计量箱箱体的尺寸（内壁尺寸）不应小于：厚 180mm，高 550mm、宽 850mm。

计量箱内部分为进出线室（含电流互感器）、计量室（含试验接线盒），计量室内配备表计及采集终端的安装支架和计量专用接线盒，进出线室内预留底板固定式互感器安装位置，配置互感器到计量专用接线盒及专用接线盒到表计、终端的二次单芯铜线（电压线 2.5mm²、电流线 4mm²，按 A、B、C、N 相对应黄绿红黑分色布线）。

计量箱应设有安装固定孔洞。

计量箱设对开门，采用内嵌式铰链，设置可施封位置，在计量室门上开观察窗孔，观察窗孔采用 4mm 厚透明 PC 材料，尺寸见附件。

计量箱正面应按要求附贴相应标识和防触电警示标识。

箱体外形尺寸误差在±2%。

（4）技术指标。

计量表箱使用环境如下。

海拔高度：＜2000m。

空气温度：最高温度+50℃，最低温度–20℃。

相对湿度：日平均值≤95%。

地震烈度：8度。

污秽等级：3级。

防护等级：≥IP30。

阻燃性能：具有V–0等级的阻燃性能，耐温≥130℃。

绝缘电阻：计量表箱的绝缘电阻不小于20mΩ。

电气强度：施加50Hz/1500V电压，历时1min，不应发生飞弧、击穿闪电现象。

耐酸碱性：1毫升浓度为3%的酸碱溶液滴在箱体表面上，1h后箱体表面无裂纹无分层现象。

抗静压性能：100kg重物（体积10×10cm^2）置于产品任意位置三分钟不开裂不损坏。

耐静力挤压：100kg重力施加于平放的计量表箱上，1min后计量表箱无裂纹、剥落、破损现象。

气候影响：产品在外界（30±10）℃、内部75℃和长期阳光照射，以及低温：（–45±3）℃ 4h的条件下，不变形不开裂，且保持透明性。

抗冲击：产品在固定螺丝旋紧的条件下（无包装），由2m高度自由落体试验，箱体应保持完好。

耐沙袋冲击：7kg重的沙袋，从1m高度自由落下反复5次，计量表箱部位无裂纹、破落等异常现象。

（5）售后服务。

由供货方送货到购货方指定地点，经双方清点计量箱的数量和确认有无损坏。因包装、运输等引起的问题由供货方负责。

供货方须提供计量箱主要部件的型号、规格、加工工艺、技术指标等有关技术要求的详细书面说明材料，各元器件必须为正规厂家产品，其说明书中应明确说明其技术指标。进口材料要求附相关证明材料复印件。

产品到货后，使用方按照GB/T 2828.1—2003《计数抽样检验程序》规定，进行抽样检验，最低抽检量不低于总供货量的2%。

合同产品出现故障一周内供货方应上门维修服务。

供货方保证合同产品3年内免费维修。如属产品质量问题，由供货方免费提供维修或更换。

5.2.1.3　不锈钢材质金属计量箱技术要点

（1）箱体材料选用和分类。

计量箱箱体材料应选用 304 亚光不锈钢材料，厚度不小于 1.5mm。

计量箱观察窗玻璃应选用 4mm 厚透明 PC 材料。

计量箱类型及要求（不带互感器单表位三相计量箱）

计量箱箱体的尺寸（内壁尺寸）不应小于厚 178mm，高为 450mm、宽为 300mm。

计量箱内配置采集终端安装支架和计量专用接线盒。

箱体应分别设置采集终端外置天线及电源采样电能表通信的穿线孔，并设置便于固定在墙上或电杆上的安装固定孔。

计量箱门应采用内攘式铰链，配置锌合金门锁，采用铅封螺杆封闭方式进行计量施封。箱体外壳应设接地螺栓，并使用接地符号标识。

计量箱正面应按要求附贴相应标识和防触电警示标识。

箱体外形尺寸误差在 ±2%。

（2）计量表箱质量要求。

所有计量箱内门要求反焊，门取不下来，外门内侧有保障强度的加强筋，计量箱箱体左右侧板与背板不允许焊接、拼接。箱门、面板的凹凸度在每 1000mm 范围内不超过 3mm，相邻两个平行边尺寸的偏差绝对值不超过 3mm，计量表箱门应保证灵活开启。

计量箱体中标准紧固件及零部件不得松动或脱落，接线端子必须具有足够的机械强度，能夹紧单股导线或硬质多股绞合导线。

计量箱内必须设重复接地端子板，端子板与计量箱箱体必须具有可靠的电气连接，且各接线端子与所接导线必须可靠连接。

所有计量箱内必须配置电表支架，表支架按计量表计和采集终端（集中器）的数量配置。

（3）箱体标识。

计量箱箱体正面喷印绿色"国家电网"、红色"有电危险"，单个字体为 30mm× 30mm 黑体字。

计量箱铭牌布置在箱门下沿中间（长 100mm×高 60mm），铭牌上具备型号、制造单位、制造年月、出厂编号、3C 标识等。

（4）技术指标。

计量表箱使用环境如下。

海拔高度：＜2000m。

空气温度：最高温度+50℃，最低温度−20℃。

相对湿度：日平均值≤95%。

地震烈度：8度。

污秽等级：3级。

防护等级：≥IP4。

（5）售后服务。

由供货方送货到购货方指定地点，经双方清点计量箱的数量和确认有无损坏。因包装、运输等引起的问题由供货方负责。

供货方须提供计量箱主要部件的型号、规格、加工工艺、技术指标等有关技术要求的详细书面说明材料，各元器件必须为正规厂家产品，其说明书中应明确说明其技术指标。进口材料要求附相关证明材料复印件。

产品到货后，使用方按照 GB/T 2828.1—2003《计数抽样检验程序》规定，进行抽样检验，最低抽检量不低于总供货量的 2%。

合同产品出现故障一周内供货方应上门维修服务。

供货方保证合同产品 3 年内免费维修。如属产品质量问题，由供货方免费提供维修或更换。

5.2.2　电能计量箱质量评价体系及量化标准

在分析各类电能计量箱的质量关键要素之后，应建立电能计量箱质量量化评估体系，为此引入两级评价因子来进行质量量化评估。其评价过程如下实施。

计量箱质量评价总得分为 Q，量化标准按从高到低分为五个等级，各量化值为：量化标准Ⅰ，100 分；量化标准Ⅱ，88 分；量化标准Ⅲ，76 分；量化标准Ⅳ，64 分；量化标准Ⅴ，0 分。Q 满分为 100 分，由各一级因子相加得到，即

$$Q=XL+WG+GN+NX+GYS+WB$$

式中，XL 为计量箱性能因子得分，权重为 15%；WG 为计量箱外观因子得分，权重为 18%；GN 为计量箱功能因子得分，权重为 20%；NX 为计量箱运行年限因子得分，权重为 20%；GYS 为计量箱供应商因子得分，权重为 17%；WB 为计量箱外部因素因子得分，权重为 10%。各二级因子得分按照量化标准评分后乘以相应权重得到。各级因子权重及量化标准见表 5−1。

表 5–1 电能计量箱质量评价因子及量化标准

评价因子		权重(%)	量化标准				
一级评价因子	二级评价因子		Ⅰ（100分）	Ⅱ（88分）	Ⅲ（76分）	Ⅳ（64分）	Ⅴ（0分）
性能	装置综合误差*（低压互感器接入式）	18	综合误差≤±1.2%	/	/	/	综合误差>±1.2%
外观	塑料计量箱	15	无颜色褪色、壳体开裂	褪色无开裂	/	壳体开裂	/
	金属计量箱（柜）（不锈钢）		涂层无磨损剥落	小面积磨损剥落	大面积磨损剥落	/	/
	金属计量箱（柜）（冷轧钢板）		涂层无磨损剥落	/	小面积磨损剥落	大面积磨损剥落且有锈蚀	/
	警示标志		标志齐备	/	/	标志缺失	无标志
	铭牌		铭牌完好	/	/	铭牌信息错误	无铭牌
	观测窗（钢化玻璃）		观测窗完好	/	/	/	观测窗破损
	观测窗（PC材质）		观测窗完好	/	/	/	观测窗老化影响观察，观测窗遗失
	箱（柜）门		箱（柜）门完好	/	/	/	无门或缺损
功能	联合接线盒	20	有联合接线盒且防护罩完好	/	/	有联合接线盒但防护罩破损或丢失	无联合接线盒
	联锁装置		联锁装置完好	/	/	/	联锁装置故障
	闭锁能力		闭锁能力完好	/	/	/	无法闭锁
	计量箱密封条（户外）		有	/	/	损坏	无
供应商评价		20	以各网省公司评价得分	以各网省公司评价得分	以各网省公司评价得分	以各网省公司评价得分	以各网省公司评价得分
运行年限		17	≤5年	≤10年	≤15年	≤20年	>30年
外部因素	温度	10	−25~60℃，24小时内平均温度不超过+35℃	超出≤1个月/年	超出≤2个月/年	超出≤3个月/年	/
	湿度		+20℃时，不高于90%；+40℃时，不高于50%	超出≤1个月/年	超出≤2个月/年	/	/

评价因子		权重 (%)	量化标准				
一级评价因子	二级评价因子		Ⅰ（100分）	Ⅱ（88分）	Ⅲ（76分）	Ⅳ（64分）	Ⅴ（0分）
外部因素	盐雾		运行环境满足盐雾A级及以下	超出盐雾A级运行环境3个月/年	超出盐雾A级运行环境6个月/年	/	/
	安装环境（阳光、雨水、震动）		满足	1项不满足	2项不满足	3项不满足	/
	使用环境（窃电高发区、粉尘污染严重）		不存在	/	存在1项	存在2项	/

各一级因子标准及评价方式如下。

（1）装置综合误差评价。

低压互感器接入式的装置综合误差应≤±1.2%。

（2）外观完好评价。

塑料材质计量箱应无褪色、壳体开裂现象；不锈钢材质计量箱（柜）表面涂层无明显磨损或剥落；冷轧钢板材质计量箱（柜）表面涂层无明显磨损、锈蚀或剥落。

铭牌信息正确，警示标志齐备，无缺失或脱落可能。

观测窗完好，无破损和缺失。PV材质观测窗不应有因老化而影响观察。

箱（柜）门完好，无破损或缺失。

联合接线盒评价：联合接线盒及防护罩完好无破损。

联锁装置评价：联锁装置运作完好，无使用故障。

（3）封闭功能评价。

户外计量箱密封条应完好，无损坏、掉落。计量箱（柜）能正常闭锁。

（4）运行年限评价。

计量箱（柜）运行年限按照5年、10年、15年、20年及以上进行分档，不允许超出产品设计寿命。

（5）供应商评价。

由各网省公司根据产品故障率程度、售后服务水平、响应及时率综合评判得出。

（6）外部因素评价。

环境温度：周围空气温度–25～60℃，且 24 小时内平均温度不应超过+35℃。

相对湿度：+20℃时，不高于 90%；+40℃时，不应高于 50%。

盐雾：应满足《低压计量箱采购标准　第 1 部分：通用技术规范》的要求。

安装环境：户外非金属材质计量箱（柜）具备条件的应安装遮挡阳光的设施；户外计量箱（柜）应有防雨水浸入设施；安装位置墙体或地面振动振幅移位不大于 1cm。

使用环境：粉尘污染严重及窃电高发区域，应加强对计量箱（柜）的现场巡视频率，不低于 1 次/3 个月。

5.3　电能计量箱质量监督和管控

《国网湖南省电力公司电能计量箱质量管控管理标准》可在招标前、供货前、到货后、运行中等全寿命周期实施国网湖南省电力公司电能计量箱质量管控方案。《国网湖南省电力公司电能计量箱质量监督管理标准》可提升电能计量箱质量管控水平。

5.4　电能计量箱质量管控实施

为提升湖南省电力公司电能计量箱及箱内低压开关整体质量和技术水平，降低现场运行故障率，结合 Q/GDW 11008—2013《低压计量箱技术规范》和《国网湖南省电力公司电能计量箱招标技术规范》相关要求，严把电能计量箱质量关，全面开展了电能计量箱质量监督与管控工作，切实提升了电能计量箱检测能力，使得产品整体质量得到了显著的提升，入网检测合格率大大提升，抽样检测得到了有效加强，低压开关故障率亦得到了有效控制。

5.4.1　建立健全的电能计量箱质量管控组织体系

确保电能计量箱质量监督和管控工作有序开展，成立了管控工作小组，管控组定期召开电能计量箱质量管控工作会议，开展电能计量箱的抽样检测工作，跟踪电能计量箱现场运行状况，对电能计量箱的检测和运行各个环节开展全面监督。

5.4.2　制定电能计量箱招标技术协议和企业技术标准

为规范新购电能计量箱的结构型式和技术条件，提升招标产品质量，编制国网湖南省电力公司电能计量箱招标技术协议和企业技术标准，对全省范围内的电能计量箱的出厂试验、全性能试验、监造、到货后样品比对和抽样验收试验等部分的要求作了统一规定，建立了电能计量箱质量监督闭环管控机制。

5.4.3　开展电能计量箱入网检测试验和抽样检测试验

2014 年～2015 年 7 月，共开展了四批电能计量箱入网检测试验。2014 年 2 月 10～24 日，开展第一批入网检测试验，共有 101 家供应商送检，完成 148 个 PC 材质电能计量箱样品、54 个不锈钢材质电能计量箱样品、24 个 SMC 材质电能计量箱样品、1500 个电能计量封印样品、12 种型号低压开关样品的检测，共计开展 25 项试验，发现电能计量箱主要质量问题 8 类、计量封印主要质量问题 4 类、低压开关主要质量隐患 7 项，试验结果准确率 100%。2014 年 4 月 10～25 日，开展第二批入网检测试验，共有 105 家供应商送检，完成 168 个 PC 材质电能计量箱样品、37 个 SMC 材质电能计量箱样品、1300 个电能计量封印样品、9 种型号低压开关样品的检测，共计开展 28 项试验，试验结果准确率 100%，入网检测投诉率为零。2014 年 10 月 19～27 日，开展第三批入网检测试验，共有 118 家供应商送检，完成 188 个 PC 材质电能计量箱样品、1400 个电能计量封印样品、11 种型号低压开关样品的检测，共计开展 31 项试验，试验结果准确率 100%，入网检测投诉率为零。2015 年 4 月 16～23 日，开展第四批入网检测试验，共有 97 家供应商送检，完成 186 个 PC 材质电能计量箱样品、1200 个电能计量封印样品、10 种型号低压开关样品的检测，共计开展 31 项试验，试验结果准确率 100%，入网检测投诉率为零。质量管控措施的实施，使得入网检测合格率由第一批的 37.8%提升至第四批的 57.3%，检测结果表明电能计量箱监督和管控工作的开展使得电能计量箱的整体质量得到了有效提升。

针对电能计量箱材质、耐热阻燃、抗冲击力、防窃电性能等关键指标，结合技术规范要求，制定了科学、严谨的试验方法和流程，开展材质检测、灼热丝试验、冲击试验、外观核查等检测项目，对电能计量箱的技术指标进行全面检测。针对低压开关漏电动作电流、动作时间、额定分断能力、抗干扰能力等关键指标，开展剩余电流测试、额定分断能力检测、EMC 试验等检测项目，以提升低压开关的质量管控水平，试验项目见表 5-2～表 5-5。

表 5–2　　　　　　　　　　　PC 电表箱（计量箱）检测项目

试验类别	试验项目名称	试验方法	结果评价
外观检查	外观及标志验证	按《PC 计量箱专用技术规范》的第 2 部分基本要求，通过目测、标尺、基准器具等试验方法检查电表箱的外观及标志	B
	元器件及其装配质量		B
	母线和导线检查		B
	尺寸检查		B
机械性能试验	耐沙袋冲击试验	沙袋质量为 7kg，从 1m 高度自由落下反复 5 次	A
	抗冲击试验	产品在固定螺丝旋紧的条件下（无包装），由 2m 高度自由落体试验	A
	抗静压试验	将 100kg 重物（体积 10×10cm^2）置于产品任意位置，试验时间：3min	A
	耐静力挤压试验	将 200kg 重力施加于平放的计量表箱上，试验时间：1min	A
电气性能试验	壳体工频耐压试验	壳体工频耐压试验电压值（交流有效值）为 2000V，频率 50Hz，试验电压施加的时间为 1min。试验的部位：壳体与导电件之间	A
环境影响试验	高低温试验	试品放入高低温箱内，高温：（60±5）℃ 4h，低温：（−30±3）℃ 4h	A
壳体材料试验	阻燃性能试验	壳体材料的阻燃性能试验，按 GB 5169—2006 第 11 部分　灼热丝基本试验方法进行。在需要检验的成品中切下一块。试验温度：650℃±10℃。试验持续时间为（10±1）s。试验次数：2 次	A
	耐酸碱性试验	1ml 浓度为 3% 的酸性溶液滴在箱体表面上，试验时间 1h	A
防护等级试验	防止固体异物进入试验	物体试具（直径为 2.5mm 的弹珠）推入外壳开口所用的力由：GB 4208—2008《外壳防护等级（IP 代码）》表 7 规定	A
断路器性能试验	工频耐压试验	耐压试验电压值（交流有效值）为 2500V，频率 50Hz，试验电压施加的时间为 1min。试验的部位：导电体与外壳之间	A
	动作性能试验	在 0.85U_n 和 1.1U_n 时开关 25 次，每次间隔 5s	A
	剩余电流动作特性试验	测定剩余动作电流、分断时间。试验 5 次	A
	静电放电抗扰度试验	±8kV 静电施加于断路器表面敏感位置	A
	快速瞬变抗扰度试验	试验电压以共模方式施加于电压线路与地间，幅值为 ±4kV，作用时间为每一极性 1min	A

表 5–3 　　　　　　　　　　　**SMC 电表箱（计量箱）检测项目**

试验类别	试验项目名称	试验方法	结果评价
外观检查	外观及标志验证	按《SMC 计量箱专用技术规范》的 5.5 计量表箱结构要求，通过目测、标尺、基准器具等试验方法检查电表箱的外观及标志	B
	元器件及其装配质量		B
	母线和导线检查		B
	尺寸和标识检查		B
机械性能试验	耐沙袋冲击试验	沙袋质量为 7kg，从 1m 高度自由落下反复 5 次	A
	抗冲击试验	产品在固定螺丝旋紧的条件下（无包装），由 2m 高度自由落体试验	A
	抗静压试验	将 100kg 重物（体积 10×10cm^2）置于产品任意位置，试验时间：3min	A
	耐静力挤压试验	将 100kg 重力施加于平放的计量表箱上，试验时间：1min	A
电气性能试验	壳体工频耐压试验	壳体工频耐压试验电压值（交流有效值）为 1500V，频率 50Hz，试验电压施加的时间为 1min。试验的部位：壳体与金属之间；壳体与导电件之间	A
环境影响试验	高低温试验	试品放入高低箱内，高温：（60±5）℃ 4h，低温：（−30±3）℃ 4h	A
壳体材料试验	阻燃性能试验	壳体材料的阻燃性能试验，按 GB 5169—2006 第 11 部分 灼热丝基本试验方法进行。在需要检验的成品切下一块。试验温度：650℃±10℃。试验持续时间为（10±1）s。试验次数：2 次	A
	耐酸碱性试验	1ml 浓度为 3% 的酸性溶液滴在箱体表面上，试验时间 1h	A
防护等级试验	防止固体异物进入试验	物体试具（直径为 2.5mm 的弹珠）推入外壳开口所用的力由：GB 4208—2008《外壳防护等级（IP 代码）》表 7 规定	A

表 5–4 　　　　　　　　　　　**不锈钢电表箱（计量箱）检测项目**

试验类别	试验项目名称	试验方法	结果评价
外观检查	外观及标志验证	按《不锈钢计量箱专用技术规范》的第 3 部分至第 5 部分要求，通过目测、标尺、基准器具等试验方法检查电表箱的外观及标志	B
	元器件及其装配质量		B
	母线和导线检查		B
	保护接地系统检查		B
	尺寸和标识检查		B
壳体材料试验	金属材料无损检测	采用 X 光探测仪对箱体的各部分进行不锈钢材质分析，采用超声波无损检测装置测试各部分钢板厚度和观察窗 PC 材料厚度	A
防护等级试验	防止固体异物进入的试验	物体试具（直径为 1.0mm 的弹珠）推入外壳开口所用的力由：GB 4208—2008《外壳防护等级（IP 代码）》表 7 规定	A

表 5–5　　　　　　　　　　　电能计量封印检测项目

试验类别	试验项目名称	试验方法	结果评价
外观检查	外观及标志验证	对封印外观和标志进行直观检查	B
	结构与尺寸检查	对封印结构与尺寸进行检查与测量	B
条码质量试验	条码扫描试验	采用条码扫描仪对封印进行扫描，读取条码值，记录扫描正确率	A
强度试验	拉力试验	对施封后的穿线式封印的封线环扣施加任意方向的 60N 拉力	A
可靠性试验	拉断试验	对施封后的穿线式封印的封线环扣施加任意方向拉力，逐渐增加拉力直至封线被拉断	A
气候影响试验	高低温试验	封印的高温试验、低温试验等试验条件及方法参考 GB/T 17215.211—2006 的相应规定，封印放置在温度试验箱内，环境温度设定为−20℃和 70℃，按照试验 3–4 中规定的实验方法进行测试	A

注　"结果评价"一栏，分为 A、B 两种判定类型。对于 A 类判定，若有一项试验结果不符合试验要求，则该样品判定为不合格；对于 B 类判定，若试验结果有部分不符合试验要求，则根据不符合要求的技术点的个数扣除相应技术分。

5.4.4　开展电能计量箱故障鉴定和分析

开展全省范围内的电能计量箱故障鉴定分析，多次赴郴州、衡阳、株洲、湘潭、邵阳、娄底等现场调查故障电能计量箱情况，将故障样品取回试验室检测，共计完成 15 份故障样品的分析鉴定，出具故障鉴定报告 11 份，找出了易导致现场运行故障的质量薄弱点，并对供电公司现场人员的安装和维护工作提出了改进建议，如采用接线鼻加强导线的固定和接触，采用手持金属分析仪分析不锈钢材质，有效提升了电能计量箱的现场运行稳定性和到货后验收的检测能力。

5.4.5　新建和改造试验室提升电能计量箱检测能力

为提升电能计量箱试验能力，建立低压电能计量箱检测试验室和低压开关检测试验室，编写现有试验装置升级改造细则，多次和制造厂家沟通改造方案，全程参与改造，完成了推拉力计试验装置、灼热丝试验台、漏电保护器自动测试装置的改造升级。对于部分不具备试验设备的试验项目，先后派员至江苏、浙江等省兄弟单位及电器检测研究所调研学习，整理所需设备清单和技术要求，编写招标技术规范，设计试验室辅助设施确保全性能试验和抽样验收试验同步开展，在最短时间内将试验装置投运到电能计量箱质量监督工作中。

5.4.6　研究试验方法，开发试验装置，提升和拓展试验能力

除改造和新购试验设备外，在国家电网公司低压计量箱技术规范的基础上扩充了 5%盐酸腐蚀试验、阳光辐射试验和漏电保护器长延时动作性能测试试验，研究试验方法，自主开发试验设备，提升检测能力，确保现场运行的电能计量箱和低压开关的可靠性和稳定性。

5.4.7　检测人员培训与能力提升

定期组织人员学习电能计量箱和低压开关标准及其相关文件，确保每位计量箱试验人员对标准和管控要求都能做到心中有数，并能严格按标准要求开展工作。同时，加大对市（州）供电公司检测人员和现场人员的培训力度，着重对电能计量箱和低压开关的关键性能检测、抽样验收、故障分析、现场安装维护注意事项等方面进行培训，培训效果良好，为电能计量箱的检测、安装和维护提供了人才保证和智力支持。

6

电能计量管理系统

6.1 概　　述

随着智能电网的不断推进与发展，电力系统中出现了越来越多的新元素，同时智能用电技术全方位、多层次的发展，使得电网多元化的特性日益凸现。湖南地区多山区的地域特性及风力、日照充足的气象特性，使得分布式能源发电中的风力发电和光伏发电在湖南电网中所占比例日益增多。传统能源的枯竭与人类高速发展对电力需求日益增长之间的矛盾越来越突出，为解决电力危机，分布式能源发电和智能电网成为各国政府、电力部门及科研机构重点研究对象。随着用户侧、发电侧分布式电源增多，特别是随着湖南电网屋顶太阳能发电、风力发电的大量投入使用，给湖南电网电能计量系统的设置与管理带来新的挑战。湖南电网已经新建多座智能变电站使之呈现智能变电站与传统变电站共存，以及智能变电站中智能化设备与传统设备共存局面，这些都对湖南电网电能计量模式、装置的管理、省市层面计量部门业务流程、营销专业与检修运行等专业的分工提出了新的要求，迫切需要提升电能计量系统管理水平，为湖南电网营销专业的发展与管理提供策略。

在目前的市场环境下，一些电能计量装置生产企业的质量管理水平不高，从而使得生产出来的电能计量装置设备的质量不能完全符合电网和用户的要求。因此，电能计量管理不仅在质量管理的意义上被社会所重视，而且在质量保证的意义上也受到社会的欢迎。所以，加强电能计量系统管理已经成为电能计量装置质量管理和质量保证的基础，是确保电力企业信誉、提高电网和用户满意度的基石。

6.2 计量系统管理

6.2.1 计量系统管理相关理论

现代计量管理是一项系统工程。计量系统工程的科学理论基础是计量技术学。计量管理的直接目的是为了"保证计量单位制的统一，保证测量的准确一致"，根本目的是"保证和促进国民经济实现最佳经济效益"。

计量管理本身也是一种技术经济活动，是国家经济总体活动中的一个组成部分，也要消耗人力、物力、财力，也要消耗人力、物力、财力，因此必然也有一个经济效益问题。所以计量管理工作中，只有根据工农业生产。国防建设和科学研究的需要，设计和建立经济合理的计量系统或测量体系，同时要尽可能少地消耗人力、物力、财力，才能发挥最佳的社会效应。

6.2.2 湖南电网电能计量系统现状

湖南省电力公司明确提出了建设"业务明确、管理高效、考核到位"的电能计量中心和电能计量管理业务体系，实现六个"统一"的管理目标，电能计量中心肩负起了为公司完善计量管理体系，加强计量管理职能和对各基层单位的计量专业技术监督、服务职能的任务。

6.2.2.1 机构现状

现有省、市两级十五个计量中心，省级计量中心职责由省公司计量中心承担，负责电能计量、电测计量、省关口现场监督、检测和统调电厂的上网关口运维等业务；各市（州）计量中心负责电能计量器具、采集终端的检定（检测）和配送、资产管理、电能计量装置及采集终端的安装和运维、采集系统的监控以及电测、热工仪表等业务。十五个计量中心均取得了省质量技术监督局电能计量检定授权。

6.2.2.2 电能计量器具运行及检定能力现状

目前，湖南电力公司运行电能表数量1801万只，其中营销382万只，单相电能表341万只，三相电能表41万只；农电1419万只，单相电能表1280万只，三相电能表139万只；运行互感器112万只，其中低压电流互感器91万只。运行采集终端数量5.78万台，其中营销5.34万台，农电0.44台。

共有单、三相电能表和互感器计量检定装置205套，其中单相电能表检定装置 74 套，三相电能表检定装置 58 套，互感器检定装置 73 套，每年可检定电能表 430 万只，电流互感器 50 万只。近三年单相电能表、三相电能表、互感器及采集终端的最大检定量分别为 180 万、18 万、12 万、1.1 万只。

6.2.2.3　场地现状

国网湖南省电力公司计量中心成立于 2012 年 7 月，是湖南省电力公司负责电能计量、电测计量等领域的专业管理，技术监督，生产服务和科学研究的最高机构。国网湖南计量中心净占地面积 41.76m²，由"四线一库"生产楼、实验综合楼两个单体建筑组成，总建筑面积 24 988m²。

中心的仓储智能化、检定自动化、配送物流化、人员专业化、管理精益化为其五大特色。主要负责电能表、低压互感器和采集终端的全省集中统一检定和配送、智能电能表的全过程质量管控、全省电力行业电测计量的量值传递、制定计量管理制度、工作标准、技术标准、计量资产全寿命周期管理，服务范围为全省 14 个市（州），覆盖电力客户 2000 万，年检定配送能力 200 万只。

目前建造的计量中心共设有 6 条自动流水线，年检定能力达 480 万，处于全国领先水平。

6.3　业务体系管理

6.3.1　业务体系管理相关理论

业务流程是为达到特定的价值目标而由不同的人分别共同完成的一系列活动。活动之间不仅有严格的先后顺序限定，而且活动的内容、方式、责任等也都必须有明确的安排和界定，以使不同活动在不同岗位角色之间进行转手交接成为可能。活动与活动之间在时间和空间上的转移可以有较大的跨度。而狭义的业务流程，则认为它仅仅是与客户价值的满足相联系的一系列活动。

业务流程管理是企业根据自身战略，设计并实施全面的业务流程管理体系，并有选择地对支撑其战略实现的关键业务流程进行持续改进的管理活动。制定企业战略目标、明确业务战略、职能战略是进行业务流程管理的前提条件。业务流程管理的目标是：完整一致地贯彻企业战略目标，并在日常运营活动中对战略意图及其实现加以支持。如图 6-1 所示，业务流程管理分为以下四个阶段：

第一阶段：在引入流程概念、开展流程管理之前，企业内也是有流程客观存在的。只不过没有显性化地描述出来，它们存在不同人的大脑中，每个人按照各自的理解去操作，导致岗位和岗位之间、部门和部门之间的配合常常不是那么默契和流畅。所以，流程管理工作的第一阶段是"隐形流程的显性化梳理"。

第二阶段：是各个流程的局部改进。看看流程业务的流动是否顺畅；检查流程的输入和输出是否符合要求。

第三阶段：是全部流程的系统优化。因为每一个岗位都可能在多个流程中发挥作用，在哪个流程多花些时间，哪个流程中少花些时间；哪些流程环节要再快一些，哪些流程转换环节再好一些。

第四阶段：是基于企业信息化的流程再造。企业级信息化业务应用系统建立起来，实现了信息共享、系统集成，每一个岗位和部门的流程作业效率和效果反馈到流程管理系统中。同时可以对流程改进、优化和再造，将结果直接落实到业务执行系统中，实现流程落地。当然，对人的综合素质和能力的要求也相应提高了。

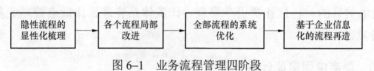

图 6-1　业务流程管理四阶段

在市场经济环境下，企业需要不断调整业务战略和职能战略、满足客户日益个性化的需求。在这种情况下，业务流程管理是一个针对市场需求不断调整流程、相关组织机构和信息系统的过程。

6.3.2　湖南电网电能计量管理业务的变革

（1）计划经济时代的电能计量管理业务（1997 年之前）。

这个时期的电能计量业务相对简单，主要是电能计量装置的检定和现场校验，以及电能计量标准装置的量值传递工作。那时的管理方式比较松散，没有实行电能计量业务的集中管理，除了在湖南省内设置两个表计检定所外，在郊县也设置了表计检定所。而且由于那时计算机技术的应用还没有普及，所以像资产档案、检测设备档案、检定数据等信息需要通过人工台账的方式进行管理。

（2）电力体制改革后的电能计量管理（1997～2006 年）。

在电能计量管理业务方面通过电能计量管理信息系统的开发利用，覆盖了湖南省电力公司电能计量管理的全过程，包括仓储管理、采购管理、配送管理、供电分公司电能计量装置管理、"供电表"管理、修校生产管理、资产管理、人员设备管理、成本核算、民用电电能计量管理、质量体系管理，以及统计查询、决策分析、电子商务（期货）、系统维护等业务和管理功能，体现了电能计量装置的全生命周期管理。该系统还涵盖了湖南省电力公司所管辖范围内的电能计量装置的库存数据、全部资产信息、电能计量标准装置的资产数据、电能计量装置的修校数据、电能计量装置的资产信息（含所有客户、关口表、供电表、台区考核表及所有农网表和互感器信息）、电能计量装置运行信息以及统计报表等系统数据。

（3）电能计量集约化、专业化、标准化管理（2006 年至今）。

2006 年，国家电网公司开始实施 SG186 工程营销管理系统的建设。作为电力营销管理的一个重要模块，按照集约化、专业化、标准化管理的思想，整合资源，优化电能计量管理的业务流程，以信息化技术手段，实现电能计量管理业务处理的自动化，实现管理基本业务的信息化全面统一管理，使业务处理标准化、台账管理信息化、信息传递网络化、操作记录无纸化，做到了业务处理准确、快速、规范的目的。包括计量资产管理、计量体系管理、计量点管理业务类中的 17 个业务项。

6.3.3　湖南电网电能计量管理业务现状

2006 年，国家电网公司全面启动了信息化建设重大工程——"SG186 工程"。"SG186" 中的 "1"，指的是一体化企业级信息集成平台。"SG186 工程" 同时提出了 "6" 个信息化保障体系，分别是：标准规范体系、信息化安全防护体系、评价考核体系、管理调控体系、人才队伍体系和技术研究体系。

2008 年，湖南省电力公司 "SG186 工程" 营销业务应用建设实施项目启动，建成了网省、地市、区县、供电站所四级供电单位，满足了业务处理、管理监控、客户服务等各项功能的营销业务应用。通过进一步完善营销业务应用系统，实现 "营销业务高度规范，营销服务高效便捷，营销信息高度共享，营销决策分析全面，营销监控实时在线"，促进公司集约发展、精细管理和标准建设，推动营销管理方式和发展方式的转变，满足 "一部三中心"（营销部，电能计量管理中心、电费管理中心、客户服务中心）的业务需求，为实现国网公司 "十一五" 发展目标提供坚强的技术支持。

2009 年，电能计量管理业务模块上线试运行。包括计量资产管理、计量体系管理、计量点管理业务类，涵盖了的 17 个业务子项。通过对电能计量装置从采购、需求、运行、入库、报废等环节的全生命周期管理，明确资产状态，促进资源优化配置；通过市内检测、轮换和二次压降测试、现场校验等技术管理，规范电能计量检测、运行及流程管理，保证了电能计量的准确性及可靠性；通过计量点的设计、设备安装调试、竣工验收、维护管理及电能计量装置运行维护、评估管理、改造，实现了计量现场运行情况全过程管理。该系统通过 2 年来的运行起到了优化业务流程，建成了"横向集成、纵向贯通"的一体化企业信息集成平台，实现了公司信息系统业务数据共享，增强了各项业务的管理能力，提高了工作质量和效率。

6.4 电能计量系统评价

传统的电能计量系统对运行中的电能计量装置按其所计量电能量的多少和计量对象重要程度进行分类管理，随着分布式能源、智能电网和智能用电技术的不断推进发展，各类计量对象对电能计量装置的需求有所侧重，传统的分类管理方式针对多元化的计量对象所进行的同质化普通服务，缺乏针对性、时效性和精准性。

如何制定有针对性的管理策略，满足不同计量对象的计量需求，实现差异化与个性化服务，提高核心竞争力，已成为电力营销管理的一项迫切任务。本部分通过开展电能计量系统评价研究，为制定有针对性的电能计量管理方案提供重要依据，深入电能计量系统评价，提升电能计量精益化管理水平。

6.4.1 电能计量系统信用评价

对电能计量系统开展信用评价，更多是从电能计量装置上，对各类电能计量资产开展信用评级分析。

计量资产质量分析以计量资产状态分析为基础，针对采购到货、设备验收、检定检测、仓储配送、设备安装、设备运行、设备拆除、资产报废 8 大全寿命周期环节，进行计量资产质量评价指标的提取与筛选，构建计量资产的质量评价指标体系。

根据层次分析法，在同一层次的各要素之间进行重要性比较判断，结合定性与定量判断，得出相对于上层的相对重要性权重。将指标层中各指标划分为正向指标与逆向指标两类，并进行无量纲化处理，根据相应权重得到计量资产的质量水平。

第一步：建立递阶层次结构。

AHP 要求的递阶层次结构一般由目标层、准则层、措施层组成。

目标层：问题的预定目标；

准则层：影响目标实现的准则；

措施层：促使目标实现的措施。

首先，明确要分析决策的问题，并把它条理化、层次化，理出递阶层次结构。然后，找出影响目标实现的准则，作为目标层下的准则层因素，在复杂问题中，影响目标实现的准则可能有很多，这时要详细分析各准则因素间的相互关系，然后根据这些关系将准则元素分成不同的层次和组，不同层次元素间一般存在隶属关系，即上一层元素由下一层元素构成并对下一层元素起支配作用，同一层元素形成若干组，同组元素性质相近，一般隶属于同一个上一层元素（受上一层元素支配），不同组元素性质不同，一般隶属于不同的上一层元素。最后，为了解决决策问题（实现决策目标），在上述准则下确定最终解决方案（措施），并将它们作为措施层因素，放在递阶层次结构的最下面（最低层）。明确各个层次的因素及其位置，并将它们之间的关系用连线连接起来，就构成了递阶层次结构。

在本书中，研究目标是评价计量资产全寿命周期管理的质量水平，因此，目标层为计量资产全寿命周期管理质量水平。由于计量资产的质量水平需要对全寿命的8个环节进行测度，因此，准则层为采购到货、设备验收、检定检测、仓储配送、设备安装、设备运行、设备拆除、资产报废。计量资产的质量水平高低主要取决于这8个环节中故障的发生情况，因此，措施层为各个环节中反映产品质量及其故障发生的频率和类型。

第二步：构造判断矩阵并赋值。

根据递阶层次结构来构造判断矩阵。判断矩阵的构造方法是：每一个具有向下隶属关系的元素（被称作准则）作为判断矩阵的第一个元素（位于左上角），隶属于它的各个元素依次排列在其后的第一行和第一列。

在填写判断矩阵时，向填写人（专家）反复询问：针对判断矩阵的准则，其中两个元素两两比较哪个重要，重要多少，对重要性程度赋值（重要性标度值见表6-1）。

表6-1　　　　　　　　　重 要 性 标 度 含 义 表

重要性标度	含　　义
1	表示两个元素相比，具有同等重要性
3	表示两个元素相比，前者比后者稍重要
5	表示两个元素相比，前者比后者明显重要

重要性标度	含　义
7	表示两个元素相比，前者比后者强烈重要
9	表示两个元素相比，前者比后者极端重要
2，4，6，8	表示上述判断的中间值
倒数	若 i 与 j 重要性之比为 a_{ij}，则 j 与 i 的重要性之比为 $a_{ji}=1/a_{ij}$

设填写后的判断矩阵为 $A=(a_{ij})_{n\times n}$，判断矩阵具有如下性质：

$$a_{ij}>0；\quad a_{ji}=1/a_{ij}；\quad a_{ii}=1$$

可知，判断矩阵具有对称性，因此在填写时，通常先填写 $a_{ii}=1$ 部分，然后填写上三角形或下三角形的 $n(n-1)/2$ 个元素。在特殊情况下，判断矩阵可以具有传递性，即满足等式：$a_{ij}\times a_{jk}=a_{ik}$。当上式对判断矩阵所有元素都成立时，则称该判断矩阵为一致性矩阵。

第三步：层次排序（计算权向量）与检验。

对于专家填写后的判断矩阵，进行层次排序。层次单排序是指每一个判断矩阵各因素针对其准则层的相对权重，我们采用和法原理。和法的原理是，对于一致性判断矩阵，每一列归一化后就是相应的权重。对于非一致性判断矩阵，每一列归一化后近似其相应的权重，对这 n 个列向量求取算术平均值作为最后的权重。

需要注意的是，在层层排序中，要对判断矩阵进行一致性检验。

在特殊情况下，判断矩阵可以具有传递性和一致性。一般情况下，并不要求判断矩阵严格满足这一性质。但从人类认识规律看，一个正确的判断矩阵重要性排序是有一定逻辑规律的，例如若 A 比 B 重要，B 又比 C 重要，则从逻辑上讲，A 应该比 C 明显重要，若两两比较时出现 A 比 C 重要的结果，则该判断矩阵违反了一致性准则，在逻辑上是不合理的。因此，在实际中要求判断矩阵满足大体上的一致性，需进行一致性检验。只有通过检验，才能说明判断矩阵在逻辑上是合理的，才能继续对结果进行分析。一致性检验的步骤如下

计算一致性指标 CI （consistency index）

$$CI=\frac{\lambda_{\max}-n}{n-1}$$

查表确定相应的平均随机一致性指标 RI （random index），根据判断矩阵不同阶数查表 6-2，得到平均随机一致性指标 RI 。

表6-2　　平均随机一致性指标 *RI* 表（1000 次正互反矩阵计算结果）

阶数	1	2	3	4	5	6	7	8	9	10	11	12	13	14	15
RI	0	0	0.52	0.89	1.12	1.26	1.36	1.41	1.46	1.49	1.52	1.54	1.56	1.58	1.59

计算一致性比例 *CR*（consistency ratio）并进行判断：$CR=CI/RI$。

当 $CR<0.1$ 时，认为判断矩阵的一致性是可以接受的，$CR>0.1$ 时，认为判断矩阵不符合一致性要求，需要对该判断矩阵进行重新修正。

通过对湖南省各地市专家的访谈与调查，在综合各地市专家意见的基础上，根据层次分析法的具体原理与计算步骤，分别对准则层及指标层中各元素的相对重要性进行比对，得出各因素权重如下：

准则层。对层次分析法编程，输入专家对准则层各元素相对重要性的判断结果，运行程序得出各指标权重为：

采购到货环节权重：$wB1=0.076\ 7$

设备验收环节权重：$wB2=0.137\ 1$

检定检测环节权重：$wB3=0.200\ 1$

仓储配送环节权重：$wB4=0.063\ 7$

设备安装环节权重：$wB5=0.153\ 4$

设备运行环节权重：$wB6=0.228\ 2$

设备拆除环节权重：$wB7=0.068\ 2$

设备报废环节权重：$wB8=0.072\ 6$ 计算一致性指标：

$$CI = (\lambda_{\max} - n)/(n-1) = 0.131\ 2$$

根据判断矩阵不同阶数，得到平均随机一致性指标 $RI=1.41$。计算一致性比例 *CR* 并进行判断：$CR=CI/RI=0.093\ 0<0.1$。

所以，判断矩阵的一致性是可以接受的。

采用层次分析法构建计量资产质量分析模型，建立计量资产质量评价指标体系，对计量资产在全寿命周期各个环节的质量水平进行评价，并根据评价结果对影响计量资产质量的关键因素进行识别，为提高计量资产全寿命周期管理水平提供决策依据；采用统计分析方法，对表龄、库龄的现状进行分析，对影响计量资产寿命的因素进行分析，并根据因素分析的结果，计算出计量资产寿命的标杆值，包括单一计量资产寿命标杆和批量计量资产寿命标杆值，作为计量资产寿命评价的依据，并将计量资产表龄、库龄现状与标杆值进行比较分析；运用主成分分析和多元回归方法建立计量资产寿命预测模型，包括批次计量资产寿命预测和单个计量资产寿命预测模型，根据批次计量资产和单个计量资产的相关数据对计量资产寿命做出预测；将批次和单个计量资产寿命的预测值与标杆值进行比对，建立计量资产寿命评价模型，对计量资产的等级状况做出信用评价，并根据评价结果找到导致计量资产寿命折损的主要原因。

6.4.2　电能计量系统价值评价

对电能计量系统进行价值评价，是对计量资产各阶段的状态信息进行搜集、甄别和分类，对计量资产质量评价与影响计量资产质量的关键因素分析。首先，将计量资产质量评价模型融入计量资产价值预测模型；然后，将单个计量资产价值与单一计量资产比较，得到单个计量资产价值评价；最后，将批次计量资产与批次计量资产比较，得到批次计量资产价值评价结果。

6.4.2.1　单个计量资产价值评定

根据单个计量资产寿命预测模型的结果，得出某计量资产的预测寿命的中值 $\hat{Y}^*$，将 $\hat{Y}^*$ 与计量资产寿命标杆值 $S_单$ 进行比对。比对结果用比对值来表示，比对值 C 计算公式如下：

$$C = \frac{S_单 - \hat{Y}^*}{S_单}$$

比对值 C 越小表示单个计量资产品级越高，根据计算结果，综合电力系统专家的意见，设置系数 α_0，β_0，其取值可以根据实际经验与需要进行调整。以 α_0，β_0 为基准，将单个计量资产的品级划分为四种，对应不同颜色，见表 6-3。

表 6-3　　　　　　　　　　　比对值与品级对应表

对比值	品级	对应颜色
$C \leqslant 0$	一级	绿色
$0 < C \leqslant \alpha_0$	二级	蓝色
$\alpha_0 < C \leqslant \beta_0$	三级	黄色
$C > \beta_0$	四级	橙色

以单一信息查询到的某一计量资产，显示该计量资产的价值状态，分别用绿、蓝、黄、橙四种颜色代表该计量资产价值的四级水平，处于不同环节计量资产的不同品级状态所预警内容或待采取的措施不同。可以找出影响该单个计量资产品级的主要原因，显示该单个计量资产所在批次计量资产的宏观寿命等级。

针对单个计量资产，细化全寿命周期管理的 8 个环节的详细信息，以单一信息查询到的某一计量资产，将出现该计量资产的 8 个生命状态，以特殊的颜色显示出当前所处的状态与基本信息，并可以查询各个生命状态的所有详细信息。

6.4.2.2　批次计量资产价值评价

令 S_j 表示第 j 批计量资产价值基准值，则有：

$$S_j = S_0 - S_0(k_{1j} + k_{2j} + \cdots + k_{nj})$$

令 $S_{基}$ 表示批次计量资产价值基准值，则有：

$$S_{基} = \frac{1}{L}\sum_{j=1}^{L} S_j$$

根据批次计量资产价值预测模型的结果，得出某批次计量资产的预测价值的中值 $\hat{Y}^*$，将 $\hat{Y}^*$ 与批次计量资产价值基准值 $S_{基}$ 进行比对。比对结果用比对值来表示，比对值 C 计算公式如下：

$$C = \frac{S_{基} - \hat{Y}^*}{S_{基}}$$

比对值 C 越小表示批次计量资产价值等级越高，根据计算结果，综合电力系统专家的意见，设置系数 α_0、β_0，其取值可以根据实际经验与需要进行调整。以 α_0、β_0 基准，将批次计量资产的价值等级划分为四种，对应不同颜色，见表 6–4。

表6–4　　　　　　　　　　　比对值与价值等级对应表

对比值	价值等级	对应颜色
$C \leqslant 0$	一	绿
$0 < C \leqslant \alpha_0$	二	蓝
$\alpha_0 < C \leqslant \beta_0$	三	黄
$C > \beta_0$	四	橙

以设备厂家、计量资产类型、运行状况为纬度，显示该批计量资产的价值等级，分别用绿、蓝、黄、橙四种颜色代表该批计量资产价值的四个等级，处于不同环节计量资产价值的不同等级所预警内容或待采取的措施不同，从而实现电能计量装置的精益化管理。

6.4.3　电能计量系统风险评价

风险评价是指在风险识别和风险衡量的基础上，把损失频率、损失程度及其他因素综合起来考虑，分析风险的影响，并对风险的状况进行综合评价，风险评价是风险管理者进行风险控制的基础。在我国的电力企业，多用风险度评价法，即 SPE 半定量评价法。

对电能计量系统进行风险评价，从窃电事件发生率、潜在安全隐患、计量差错预估、计量纠纷发生率四个方面着手，分析不同厂家、不同类型的电能计量装置在运行过程中，发生电能计量损失的风险，达到对电能计量系统进行风险评价。

半定量评价法中涉及三个因素，其中，"S"为由于实际存在或潜在的危险因素造成事故的严重程度；"P"为实际存在或潜在的危险因素导致特定后果发生的可能性；"E"为人员暴露于危险环境的频繁程度。根据经验和相关评价标准给这三个因素按照不同的等级分别赋予数值。三个数值的乘积用 R 来表示，则 R 的大小就可以表示风险值的大小。风险评估公式：风险值（R）=后果（S）×暴露（P）×可能性（E）。结合中国南方电网公司相关规定中风险评估的内容，按照半定量评价法的评价方法，基于电力企业计量工作危险因素对人身、电网、设备和交通运输的影响，对造成影响电力企业员工人身安全、电网稳定运行、电力设备正常使用和交通安全的事故等级划分相应的标准，见表 6–5。

表 6–5   风险等级及应对措施

风险等级	判断方法	应对措施
特高的风险	400=风险值	考虑放弃、停止
高风险	200=风险值<400	需要立即采取纠正措施
中等风险	70=风险值<200	需要采取措施进行纠正
低风险	20=风险值<70	需要进行关注
可接受的风险	风险值<20	容忍

按照表划分的风险等级和应对措施，根据有关规定对风险等级的各风险值进行划分。其中，风险等级分析的"后果"分值根据由于危害造成事故的最可能结果分为：1、5、15、25、50、100 六个等级。其中，根据分值的从小到大，危害的"结果"也从不严重到严重进行划分。当出现重大电量损失或电能计量装置故障时，分值为 50 分以上，包括 50。"暴露"是危害引发最可能后果的事故序列中第一个意外事件发生的频率，见表 6–6。

表6-6 事 故 暴 露 分 值

序号	引发事故序列的第一个意外事件发生的频率	分值
a	持续（每天许多次）	10
b	经常（大概每天一次）	6
c	有时（从每周一次到每月一次）	3
d	偶尔（从每月一次到每年一次）	2
e	很少（据说曾经发生过）	1
f	特别少（没有发生过，但有发生的可能性）	0.5

"可能性"即一旦意外事件发生，随时间形成完整事故顺序并导致结果的可能性，见表6-7。

表6-7 故 障 可 能 性 分 值

序号	安全、社会责任事故发生的可能性	职业健康	分值
a	事件一旦发生，即产生最可能和预期的结果	频繁：每6个月发生一次	10
b	十分可能	持续：平均每年发生一次	6
c	可能	经常：平均1~2年发生一次	3
d	很少的可能性，据说曾经发生过	偶然：3~9年发生一次	1
e	相当少但确有可能，多年没有发生过	很难：10~20年发生一次	0.5
f	百万分之一可能性	罕见：几乎从未发生过	0.1

根据风险评价方法，下面找出一些常见的电能计量故障引起的电量损失实例，进行电能计量风险评价。

人为计量差错：互感器二次侧、表计尾端的接线错误；

互感器运行时间长以后，出现的额定负载下的精度超差；

电能计量回路的电压切换装置故障，导致一次运行操作时，电压切换失败产生的表计失压；

自然因素，如雷击导致的互感器绕组损坏和表计黑屏现象，从而产生的电压计量电量损失。表6-8为集中计量故障的风险评价结果。

表 6–8　　　　　　　　　　　　　　电能计量故障风险评价

故障类别	危害	后果	风险等级分析			
			暴露	可能性	风险值	风险等级
接线错误	计量差错	15	2	6	180	中等风险
互感器不准	不易发现，电量损失大	50	1	3	150	中等风险
表计故障	无法计量	50	1	1	50	低风险
回路故障	计量差错	25	1	3	75	中等风险

　　在风险评价的基础上，针对种种计量故障所带来的计量差错事件，根据这些故障性质，采取合适的控制技术，进行定性分析、定量分析和风险排序，制订相应的应对措施和整体策略，尽可能把电能计量故障损失的风险暴露降到最小，从而降低损失频率和减小损失幅度。针对本书电能计量系统的风险识别和风险评价分析，可以看出，电能计量系统的风险源种类多、覆盖面广、风险值"低，这就使得开展该工作的"人"的因素变得更为重要。那么，如何更好地管控和发挥"人"的因素呢？这就需要针对文中电力企业计量工作的风险识别和风险评价结果，来制定一套行之有效的风险应对策略，从而使"人"可以有法可依，有法可用，使电能计量工作的准确性、统一性、溯源性和法制性得到有效的提高。

　　综上所述，根据风险评价方法，制定适合电能计量管理工作自身特点的管理体系，对计量工作的人员、设备和方法进行更好的管控。企业风险应对策略不仅影响电力企业计量工作的开展，使得"人"的因素更好的作用于计量工作的管控，而且对于计量技术机构质量管理体系的改进目标是一致的。在电能计量专业快速发展的今天，各种新技术、新方法的出现使得各类工作都必须不断适应发展。而这些要求，可以说是计量工作与生俱来的，在风险管理中，计量体系的建设和电力企业生产工作的要求结合越来越紧密。因此，根据本书分析的计量工作风险源进行风险应对策略的制定对于电力企业提高计量工作的有效性至关重要。